U0193308

# 建筑设计与建筑节能技术研究

李琰君　著

北京工业大学出版社

图书在版编目（CIP）数据

建筑设计与建筑节能技术研究 / 李琰君著 . — 北京 ：
北京工业大学出版社， 2022.1

ISBN 978-7-5639-8234-9

Ⅰ . ①建… Ⅱ . ①李… Ⅲ . ①建筑设计－研究②建筑
－节能－研究 Ⅳ . ① TU2

中国版本图书馆 CIP 数据核字（2022）第 026876 号

# 建筑设计与建筑节能技术研究
JIANZHU SHEJI YU JIANZHU JIENENG JISHU YANJIU

著　　者：李琰君
责任编辑：张　娇
封面设计：知更壹点
出版发行：北京工业大学出版社
　　　　　（北京市朝阳区平乐园 100 号　邮编：100124）
　　　　　010-67391722（传真）　　bgdcbs@sina.com
经销单位：全国各地新华书店
承印单位：三河市腾飞印务有限公司
开　　本：710 毫米 ×1000 毫米　1/16
印　　张：10
字　　数：200 千字
版　　次：2023 年 4 月第 1 版
印　　次：2023 年 4 月第 1 次印刷
标准书号：ISBN 978-7-5639-8234-9
定　　价：60.00 元

作 者 简 介

李琰君，男，1962 年生，陕西西安人。工学（建筑学）博士，现为陕西科技大学教授、博士生导师。中国建筑学会会员、陕西省美术家协会艺术设计专业委员会委员、陕西省教育厅艺术教育委员会委员。主要研究方向：中国传统建筑与文化、城乡规划与环境设计等。

# 前　言

随着现代社会的高度发展，人类生活的各个方面都对能源有着巨大的需求。常规能源的不可再生及地理分布不均，导致全球能源竞争日趋加剧，这就要求我们在各个行业都要采取节能措施，减少能源消耗，在建筑行业尤其重要。基于此，本书对建筑设计与建筑节能技术展开了系统论述。

全书共七章。第一章为绪论，主要阐述了认识建筑、建筑的分类与构成要素、建筑设计的内容和程序等内容；第二章为建筑设计的历史与现状，主要阐述了建筑设计的历史演变和建筑设计的现状等内容；第三章为建筑结构与建筑的平面、立面设计，主要阐述了建筑造型及其艺术特征、现代建筑构图的基本原理、现代建筑形体与平立面结构设计等内容；第四章为建筑材料与建筑的经济设计，主要阐述了建筑材料的分类、选材标准及技术发展方向，建筑工程的技术经济指标与经济性评价，建筑设计中的经济性分析等内容；第五章为建筑节能设计与环境效益分析，主要阐述了建筑节能设计能耗分析、建筑节能设计热舒适分析、建筑环境效益分析等内容；第六章为现代建筑设计中的节能技术，主要阐述了节能材料的选择与应用、建筑给排水节能技术、建筑围护结构节能技术、建筑照明节能技术等内容；第七章为现代建筑设计的可持续发展，主要阐述了绿色建筑设计、生态建筑设计、节能建筑设计、低碳建筑设计等内容。

为了确保本书内容的丰富性和多样性，作者在撰写本书的过程中参考了大量理论研究文献，在此向相关的专家学者表示衷心的感谢。

最后，限于作者水平，加之时间仓促，本书难免存在一些不足，在此，恳请读者朋友批评指正！

# 目　录

# 第一章 绪 论

建筑是承载人类生活故事的场所，人在场所中穿行，由内而外地感受并认知着建筑。认知是一个过程，这个过程由无数的片段组成。一帧的片段蕴含的内容承载着对前一帧片段的延续，建筑的每一帧片段意味着建筑是存在的，存在的事物是有"形"的，印证了建筑的存在，建筑通过一个真实的形体存在于人们的视野中。本章分认识建筑、建筑的分类与构成要素、建筑设计的内容和程序三部分，主要包括建筑是什么、建筑形态、建筑结构、建筑的分类、建筑的构成要素、中西方建筑设计内容的比较等内容。

## 第一节 认识建筑

### 一、建筑是什么

建筑在人们的视觉观感中，是由几何形的线、面、体、色组成的一种物质实体。它通过空间组合、色彩、质感、体形、尺度、比例等建筑艺术语言塑造建筑形体，造就一种意境和气氛，或庄严，或活泼，或华美，或朴实，或凝重，或轻快，从而引起人们的共鸣与联想。建筑外观中的外立面相当于人们所穿着的外衣，对我们的精神面貌和外在形象有着重要影响。随着我国改革开放的逐步深入和经济发展的快速增长，我国的建筑设计理论和建造技术得到了质的飞跃，各种新思维和新理念层出不穷，国际接轨的步伐大大加快，也出现了一大批新的建筑样式和优秀设计作品。因此，建筑作为一个城市的景观元素，在城市的整体和局部的面貌中扮演着至关重要的角色。建筑除了有科学技术的属性外，也有艺术的属性，更有民族和地域的属性。

人类在劳动中不断创造新的经验和新的成果。人类积累了数千年建造的经验，并不断地在实践中把建筑的技能和艺术提高。古文献记载："上古穴居而野

1

处，后世圣人易之以宫室，上栋下宇，以待风雨。"从穴居到木构的建筑就是经过长期的努力，在众多经验积累的根底上得以实现的。

## （一）建筑是斗争记录

建筑是人类在生产活动中克服自然、改变自然的斗争记录。这个建筑活动就必定包括人类掌握自然规律、发展自然科学的过程。首先，在建造各种类型的房屋的实践中，人类认识了各种木材、石头、泥沙的性能，也就是这些材料在一定的结构情形下的物理规律，这样就掌握了最原始的材料力学。而知道在什么位置上使用多大或多小的材料，知道怎样去处理它们之间的互相联系，就掌握了最简单的土木工程学。其次，人们又发现了某一些天然材料，如泥土与沙石等在一定的条件下的化学规律，因此很早就发明了最基本的人工建筑材料，如砖、石灰、灰浆等。发展至今，人类已拥有了众多建筑材料，如玻璃、五金、水泥、钢筋和人造木等，并已发展出了建筑材料工业。所以建筑工程学也就是自然科学的一个分支。

## （二）建筑是时代象征

建筑活动也反映当时的社会生活和政治经济制度。例如，宫殿、庙宇、民居、仓库、城墙、堡垒、作坊、农舍，有的是直接为生产服务，有的是被统治阶级利用以巩固政权，有的被他们独占享受。又如，古代的奴隶主可以奴役数万人为他建造高大的建筑物，以显示他的权威，建造坚固的防御建筑，以保护他的财产。古代的高坛、大台、陵墓都属于这类性质的建筑。

在早期封建社会时期，如吴王夫差"高其台榭以鸣得意"，晋平公"铜鞮之宫数里"，汉初刘邦做了皇帝，萧何营未央宫，就明明白白地说"天子以四海为家，非壮丽无以重威"，从这些例子就可以反映出当时的封建霸主剥削人民的财富，奴役人民的劳力，以增加他的威风的情形。在封建社会时期，建筑的精华集中在宫殿建筑和宗教建筑等之上，它是为统治阶级的利益服务的；而在新民主主义和社会主义的人民政权时代，建筑是为维护广大人民群众的利益和美好的生活而服务的。

## （三）建筑是民族精神

不同民族的衣食、工具、器物、家具，都有不同的民族性格或民族特征。数千年来，每一民族，每一时代，在一定的自然环境和社会环境中，积累了世代的经验，都创造出了自己的形式，各有其特征，建筑也是一样的。每个民族虽然在各个不同的时代里，所创造出的建筑都不一样，但在同一个民族里，每个时代的特征总是一部分继续着前一个时代的特征，另一部分朝着新生的方向发展，虽有变化但仍是会继承许多传统的特质。所以无论哪一种工艺，包括建筑，不论属于什么时代，总是有它一贯的民族精神。

### （四）建筑是造型创造

建筑是人类一切造型创造中最庞大、最复杂也最耐久的一类，所以它所代表的民族思想和艺术，更显著、更多面也更重要。

从体积上看，人类创造的东西没有比建筑在体积上更大的了。古代的大工程如秦始皇时所建的阿房宫，"前殿阿房，东西五百步，南北五十丈，上可以坐万人，下可以建五丈旗"。记载数字虽不完全可靠，但体积的庞大必无可疑。

从数量上说，有人的地方就必会有建筑。人类聚居密度越大的地方，建筑就越多，它的类型也就越多变化，合起来就成为城市。世界上没有其他东西改变自然的面貌如建筑一样厉害。

### （五）建筑是历史记录

建筑可以反映建造它的时代和地方的多方面生活状况、政治和经济制度。在文化方面，建筑也有最高的代表性，例如，封建时期各国巍峨的宫殿、坚固的堡垒，不同程度的资本主义社会里的拥挤的工业区和紊乱的商业街市。再如，过去的半殖民地半封建时期的通商口岸、充满西式的租界街市和半西不中的中国买办势力地区内的各种建筑，都反映着当时的经济政治情况，也是帝国主义文化入侵中国的最真切的证据。

## 二、建筑形态

"形态"一词本是"形"与"态"的组合。在此所讨论的"形"是指建筑的空间、轮廓、色彩等能被视觉所捕捉的外在特点，"态"是指建筑根据其不同地理位置、不同功能、不同造型等所表达出来的内在气质与情感。"建筑形态"是对建筑的外在特征与内在特点的综述，只有二者都达到美的境界，该建筑才算是成功的建筑。

建筑形态是指建筑的形状和神韵，是建筑所表达出来的情感。建筑形状通过人眼被感知后，人脑经过思维的转化形成对形状的感受，这就形成了"态"。因此，在面对同一栋建筑时，不同的时间、不同的人群都有不同的感受，因而对建筑形态的结论也不同，同一个人在不同的心理状态和认知的情况下感知的结果也不尽相同。建筑形态学便是对感知对象进行抽象分解和分析的学科。

建筑的固有形态是抽象的，分为造型要素和感知要素两点。造型要素的互相组合形成了建筑，是建筑形体构成的基本单元；感知要素通过人的意识转化形成对建筑形态的基本判断。抽象的形态需要具象的载体才可表达，如材质、功能、场所甚至时间等，不同的载体有不同的表达方式。

建筑形态设计作为建筑设计中的一种重要表达方式，一直是设计师们重点关注的对象，对建筑形态的研究也渗透在建筑领域各流派当中，成为不可或缺的理论依据。形态学作为该类研究理论的开端，建立了一套完整的研究体系。其中，建筑形态学便是以建筑为中心分析建筑形态生成与本质关系的学科，它通过融合其他建筑理论和设计思想，可以为我们提供一种具有广泛适应性的指导方法。建筑形态学的普遍应用，主要是因为以下三个要素。

①人对美的追求。实用、美观、有品格，能与人产生共鸣。

②物体形态所表现出的本性与内涵，是被人们喜爱与否的根本。

③人们会把情感附加于建筑的各个部位和建筑形态的各种因素。

建筑形态学研究的不仅是建筑"形"的方面，即建筑外观的美观程度，也研究建筑的"态"，即表达出来的情感。立足之根本在于人，建造符合时代潮流和人们精神生活需求的建筑是建筑形态学的首要目标。

然而建筑形态是动态的、变化的，并非一种固定语言。西方新艺术运动推崇"回归自然"的设计理念，从自然中汲取灵感，以现代几何和形态学作为创作工具，创造出大量非线性空间。建筑师在设计之初也更加注重将自然形态融入建筑设计中，以形态学指导设计，综合考虑建筑的材料、受力和空间结构特性。

## （一）自然形态

自然界中的任何形态都具有层级结构，如纹理清晰的沉积岩。从沉积岩的结构可以看出，沉积物之间的分层非常分明，一般来说，位于下方的岩层比上方的岩层年龄古老。肉眼不可见的微观形态也具有层级结构，如分子的构成，分子与分子之间通过化学键连接，呈周期性排列，甚至这种微观形态可以进行放大层级，如晶体的多面几何形态、碎玻璃的放射状网格裂痕等。

## （二）人工形态

人工形态则是人类根据自身尺度需求创造出来的形态，是将自然形态进行加工后产生的形态，如农具、雕塑、建筑等。人工形态以人的行为目的为出发点，且具有一定的社会效应和地域特色。自人类社会产生文明以来，建筑便一直作为最具代表性的人工形态而存在。建筑形态的生成同样也参考了其他人工形态，如雕塑，而建筑形态的变形也往往是结合了众多人工形态的结果。

## （三）建筑形态感知

建筑形态感知要素是指被人们所直接感知的建筑信息经过思维的转化而产生的对建筑的各个方面的判断，通常分为形状、色彩、材质、体量和空间场景五个方面。当人们感受这些要素时，首先会通过视觉、听觉、触觉接受建筑信息，再通过自身的认知水平进行归类分析，最终才形成个人思维层面的建筑形态解读。

### 1. 形状

形状分为规则形状和不规则形状两种，形状的扭曲和变形会使得其性格发生转变，通常根据人的年龄段的层次或使用功能的不同决定形状的性格特征。形状的态势主要反映在人的心理感受层面，有温馨、沉着、严肃、活泼甚至恐怖等，同时也会根据使用人群的特点进行区分。形状可通过拆分、重组、渗透、借位等方法进行空间改造。

### 2. 色彩

色彩通过人的视觉感知和大脑处理形成色感。不同的光谱色彩会给人不同的视觉刺激，人们会自然地把不同色彩与不同情感进行关联，使得每一种色彩都有其独有的色感。在不同类型的建筑、不同的场合中使用不同的色彩，将给体验者的心态造成不同影响。色彩是最具表现力的感知要素。

### 3. 材质

建筑以其质地、纹理、光滑度给人的视觉、触觉感受，就是建筑的质感。常用的建筑材料有砖、石、木、混凝土等，其中最为普遍的是混凝土。日本著名建筑师隈研吾在《自然的建筑》一书中提到，当今社会大多都利用混凝土获得固定而明确的"形式"，以此消解自身存在的不安定感，"混凝土是人们表达欲求的最佳素材"。而木材和石材在现代建筑中更多是作为装饰材料。

### 4. 体量

建筑的体量感着重体现在建筑的尺度和比例上。体量给人的感受十分直接，但又与建筑的实际体积不尽相同，取决于建筑师对于空间的营造方法。古代的大体量建筑由于技术和材料的限制，往往会更多在材质和尺度上大做文章，而现代建筑利用丰富的材料和先进的技术，即使体量过大，也不会使人感到压抑。

### 5. 空间场景

物体的存在会对周围辐射形成场，以其形态影响附近环境，从而影响人的感知。建筑形态学把物体对场景形态产生的影响称为"形态场"。形态场是抽象意义上的场，是人对于空间的纯感性认识。场最大的特性是其辐射效应，具有明显的矢量性、时空性和位置性。形态场在呈辐射状对周边产生影响的同时，也可以起到指引和导向的作用。

## 三、建筑结构

建筑的建造需要依托环境才能成立，特定的自然和文化可以展现时代精神面貌。建筑造型中不可或缺的因素是通过结构表现其文化内涵和一定的历史文脉，与周围环境相辅相成是建筑设计中的一个崭新课题。

### （一）结构的整体支撑

结构是有趣的，不仅因为新颖的实施方法和表现形式，还因为它能用长度相等的元件实现快速构造的可能性，相同的连接口让一切变得简单化，进一步的探索是用直线元件实现弯曲的形式。弯曲木材需要较长时间，如果不小心进行，会导致木材构件的开裂和损坏；而结构体系有明显的优势，建立时不必弯曲它们，仍然能够实现曲线形式——用直的构件实现新颖而富有表现力的三维复杂形式。同时，利用低技术和简单的接头进行快速、简单施工，可以为许多类型的应用提供可能的解决方案，从短跨度的遮篷到复杂的结构形式，可以说没有其他的结构系统能够为不同的应用提供相同的可变性和范围，但它也满足结构体系设计的一般原则。

结构类似于植物叶片的叶脉、动物的骨骼系统，建筑造型和结构的联系与其他结构系统相比更为密切。由结构构成的空间可以不添加额外的装饰，直接暴露在用户视线内，其富有韵律的排布足以提供独特的视觉美感。

### （二）结构的真实受力

判断结构是否合理的标准是它在形态上能否真实地表达实际受力情况。建筑造型的调整需要根据结构内力的分布来实现，这种调整让本来简单合理的结构更添活力，同时还可以充分地利用材料，避免受力不合理，给建造带来浪费。

随着现代科学的进步，结构算法和设计理论越来越强大，我们也越来越需要一种真实的受力结构表现建筑造型。以此为出发点，本质为真实、轻质、高强的结构会实现飞跃性的进步。它与笨拙、沉重且掩盖真实性的结构形式相比，理应被大多数建筑师作为常用的建筑造型创作方法来使用。

### （三）结构的细部节点

节点是有趣的建筑构成元素，常常带来趣味性和美感。节点构造虽然在结构系统中不是重点，但它是构件搭接固定的必要部分。与传统木构的榫卯连接不同，新形式的节点成为结构技术的表现手段。

在结构的构造中使用的材料是多种多样的。根据所选择的材料，用于构造框架的细木工方法差别很大。在达尔文的草图中，许多物理模型都是用圆形截面的支柱建造的，它们易于连接和调整。建造的建筑实例通常用方形木材，在复杂的角度制作连接细部是一项技术要求很高的工作：系统具有相同的单元，有时由多个子单元组成（如平面桁架）。木材框架接头需要高度的几何确定性，其中铰链接头可以允许在施工期间动态编辑结构。在结构设计中，系统中的参数应彼此独立，以便能够适当地调整构件的尺寸。在支撑模型中，高度定制的细木工系统与具延展性的设计过程相关，约束参数如偏心力被接头吸收，并且能够在不驱动其他参数的情况下响应系统的变化。

# 第二节　建筑的分类与构成要素

## 一、建筑的分类

### （一）传统现浇式建筑

传统现浇式建筑大都是由施工人员在施工现场通过脚手架搭拆、模板安拆、钢筋制作绑扎、混凝土浇捣来进行施工的。这种在现场施工建造的方式，使施工工序交叉、现场比较混乱，管理起来较为繁杂，导致安全文明施工不易控制，从而使工程质量得不到保障。同时，在生产施工中产生了较多的建筑垃圾，与此相关的建筑垃圾的处置措施不到位、清理不及时又更进一步加大了对周围环境的影响。另外，若施工区域位于城市生活区，产生的扬尘及施工噪声等也会严重影响人们的生活和居住环境。近年来，我国对安全文明施工、施工环境保护的重视程度也在不断加大，这种传统的建造方式越来越不符合现今社会发展绿色建筑环保节能的时代理念。

## （二）现代装配式建筑

装配式建筑是指将构件在工厂进行生产，然后再将生产出来的构件运输到项目现场组装而成的建筑。它兴起于"二战"以后的欧洲，当时战后的欧洲各国，满目疮痍、建筑物悉数被毁，装配式建筑因其施工工期短、施工效率高、劳动力需求小等显著的优势，受到欧洲政府与民众的热烈欢迎。

所谓装配式就是将施工所需要的预制混凝土构件（PC 构件）在工厂统一加工生产、养护，待达到标准强度后运送至施工现场，使用运输机械、人工配合进行安装、搭接。这种建造方式使得建筑 PC 构件在机械化工厂中被批量生产，在生产过程中产生的废物、废水等垃圾可以被及时且集中地予以处理，以及使扬尘、噪声的污染得到有效的防治，这就在很大程度上减轻了建造施工对环境的影响。同时，这种新型的建造方式不仅可以节省材料和水资源的使用，还可以按照不同方案将制作而成的 PC 构件进行组装来满足多种不同的使用功能。鉴于此，发展装配式建筑的呼声也越来越高。

### 1.装配式建筑的现状

（1）国外现状

建筑工业化最早起源于欧洲。建筑工业化逐渐兴起并得到许多欧洲国家大力推广的原因是其建设的速度、建造效率较之前有了明显的提高，并且通过工业化集成化建造出来的房屋的质量也是很有保障的，因此在"二战"后欧洲出现了大量的预制装配式建筑。采用 PC 工法建造的装配式高层住宅楼在日本全部的高层住宅楼中占了大约 50%，在瑞典新建的工业化高层住宅中占了大约 95%，在美国全部的工业化建筑中占了 35%，在新加坡工业化建筑中所占的比例高达 79%。在装配式建筑一次又一次的摸索实践和逐渐积累中，各个国家逐渐探索出了一种具有自己本国特色、适合装配式建筑应用和发展的装配式建筑体系，从而使装配式建筑的发展逐步呈现多样性。

日本的装配式建筑最早起源于 1968 年，在经过了无数次试验探索后，形成了一种名叫 KSI 的日本住宅建筑体系，它是都市再生机构自己开发的一种采用结构支撑体和填充体完全分离的方法进行施工的住宅建筑体系。日本的住宅产业链相较于其他国家来说属于非常完善的，因为其不仅实现了主体结构的工业化，内装部分所用产品的体系也是很完善的，尤其是将这两者相结合所形成的住宅体系可以说是现在日本住宅工业化中不可忽略的一大特点。

瑞典曾经被人们称作世界上工业化住宅建设最多、最发达的国家。在瑞典，应用在住宅方面的预制构件高达 95%，且与传统的住宅相比，新型的装配式建筑住宅每平方米的能耗更少。数据调查显示，每平方米的能耗减少量超过了 67%。瑞典的建筑工业化有两大特点：一是要发展通用部件，而通用部件是以完善的标准体系为前提条件的；二是模拟与数字化相互协调共同形成"瑞典工业标准"，从而使得构件的尺寸及构件的连接工艺变得更加的标准化和系统化，而且通用构件之间不需要很复杂的工艺就可以进行相互替换。

新加坡的装配式建筑住宅是由新加坡政府出资建设并在新加坡全国大力推行的，其目的是实现新加坡的一项惠民国策——组屋制度，即让所有的新加坡居民都能够有自己的一个小屋。在新加坡政府大力推进建筑工业化的过程中，新建组屋的 PC 率高达 70%，部分组屋 PC 率甚至达到了 90%。纪颖波对新加坡实行装配式建筑成功的经验进行了总结，从而得出要想成功实现建筑工业化，就要做到以下三点：一是在政策上要有国家的支持和引导；二是在经济上要有投资商的支持，并且是有装配式建筑投资经验的投资商的支持；三是建筑工业化的建造方式要与本国国情和本国特色相适应。

（2）国内现状

与国外相比，中国装配式建筑的发展开始较晚，我国首次提出"建筑工业化"一词是在 1956 年的建筑会议上，在该次会议上，国家建设委员会提出，"中国要想加快建筑业的发展脚步，就要大力支持和发展建筑结构和建筑配件的标准化""发展建筑工业化是实现建筑业更好发展的大势所趋""要大力推广建筑产品的机械化、工厂化施工"。为了高效率地建设出建筑质量好、成本消耗低的工程项目，一个新的建筑概念被引用出来，那就是装配式建筑。

特别是 21 世纪以来，随着我国经济、技术的快速发展，建筑材料种类日益增加，建筑行业技术也在逐渐地发展成熟，"绿水青山就是金山银山"理念深入人心，为装配式建筑的发展创新提供了很好的契机，营造了优良的市场环境。在采用钢混形式建造的装配式建筑中，一次结构采用叠合楼板、叠合密肋楼板，二次结构采用 CL 建筑体系、轻钢龙骨、预制栏杆和阳台等，不但能从建筑使用面积上满足居住要求，还能从使用功能上满足居住要求，同时还能够极大地缩减对资源的消耗和起到保护环境的作用。

## 2. 装配式建筑的优点

装配式建筑具备较好的经济效益、环境效益和社会效益。

（1）经济效益

装配式构件采用预制方式生产，养护时间仅为现浇混凝土构件的 1/17.68，到施工现场后直接进行装配，可使工期大幅度缩减，项目资金周转加快。各地政府为推进装配式建筑发展，相继出台激励政策。这些政策提升了企业投资装配式项目的积极性。

（2）环境效益

以施工阶段为例，从现浇住宅和装配式混凝土住宅的砂浆、混凝土和钢材的废弃量差异对比可以看到，装配式建筑有明显的减废效益，相对现浇住宅，废弃量减少 26.33%。

（3）社会效益

装配式建筑由于施工阶段操作规范、监管严格、高空手工作业较少，其安全事故发生率较低，设计与施工方案匹配程度一致。建筑质量能有效提升产业效益。产业结构优化升级是建筑行业发展增效的必经途径。装配式建筑模式能够统筹规划设计、生产、施工等模块，减少产业链中各环节衔接不畅产生的经济、工期浪费。

## 3. 装配式建筑的制约因素

（1）成本因素

我国装配式建筑发展尚未成熟，预制构件产业规模较小。生产厂家的设备、人员等资本投入和订单量不成正比，推高了预制构件的摊销费用。构件标准化程度低，规格种类繁多，具体运输方式无法统一，只得分批多次运输，促使运输费用增加，资料显示装配式构件的运输费用占总费用的 20%～30%。这些因素导致国内市场装配式构件的成本居高不下。

（2）人员因素

部分终端使用者对装配式建筑的认识基本等同于 20 世纪的"大板房"，质疑装配式建筑的安全耐久性，认为其会出现渗漏、开裂或抗震性差等问题。装配式建筑施工要求施工人员具备较高的综合素质，这与我国建筑行业现阶段实际情况不符，普通工人无法承担施工过程中复杂的装配工序，大多数院校尚未设置装配式建筑专业，行业内培养手段匮乏，导致相关技术人才稀缺，无法满足发展的需求。

（3）管理因素

在我国建筑市场中，设计、生产和施工等环节相互独立，这与装配式建筑模式的一般规律不符。大多数管理人员更倾向于传统管理模式，不适应装配式建造方式带来的行业变革，表现为国内采用装配式建筑的企业仍在使用施工承包制，而不是强调整合生产链的工程总承包制。造成这一现象的根源在于，我国实行的是设计和施工分开招投标的机制，各级建筑监管部门和其他相关组织对装配式建筑的监管缺乏规范和依据，监管手段停留在传统模式上，导致审查人员无法有效判断建筑质量是否合格。

**4.装配式建筑的发展趋势**

（1）预制装配式混凝土结构技术

预制装配式混凝土结构技术，简称PC技术，是通过对小部分的预制构件在工厂进行标准化加工，并通过改良节点间的相互连接方式来实现装饰材料构件和建筑节能保温材料一体化的技术。该技术有效地解决了在建筑施工过程中后期阶段可能会出现的节点处产生裂缝及出现渗水的问题。我国现有的比较成熟的预制构件主要包括预制楼梯、露台、外墙板、工程预制墙等。

（2）半预制装配式混凝土结构技术

半预制装配式混凝土结构技术，又称作PCF技术，并不是一个具有完全意义的装配式建筑结构技术，因为它在建筑施工时，只需预制单构件的一部分充当胎膜，因而只是减少了结构工程部分模板安拆，并没有其他的作用。该技术的使用特色是：剪力墙外墙板和楼板采用的是新型的预制结构，内部的剪力墙核心筒的制作采用的仍然是传统的现浇混凝土技术。这一技术使得在现浇后省去了拆除模板这一施工流程，从而大大提高了生产安装工作效率。目前，半预制装配式混凝土结构技术在钢结构部分的应用相对较多。

（3）改良式现浇混凝土结构技术

改良式现浇混凝土结构技术，简称改良技术，是指在现有的钢筋混凝土现浇技术的基础上进行改良，使用局部或部分构件来代替现有的工程现场现浇的混凝土模板或用于基本承重的构件，从而来简化施工工艺的一种技术。比如清华大学研发的轻钢构架固模技术就是一种非常领先的改良技术。轻钢构架固模技术是指将原来的板内钢筋通过轻钢桁架体系进行替换，将现有的混凝土模板更换成不用拆除的钢结构一体化面板或者保温板，并在施工现场将混凝土浇筑到固模中间来形成承重构件，该技术最大的优点就是在后期施工完成后无须再进行模板拆除工作，既节省了工作时间，又节省了人工费用。

## 二、建筑的构成要素

### （一）建筑功能

#### 1. 相关概念

"功能"本身是一个抽象的概念，无论是静态的组成部分还是动态的系统整体结构的含义，要使其意义得到解释则必须赋予其一个具体的描述对象，才能用以描述这种特殊的状态和关系，而这种关系可以直观地被理解，而不是被精确地或数字式地阐释。独立的"功能"概念本身并不具有具体的可解释的内涵，即其自身不是话语结构本身，其语境决定了内涵的范围，也就是说这是一种需要"赋格"之后才显现出意义的话语，在此之前是一个具有多样解释的可能性的概念。

"建筑功能"是一个具有"功能"在日常话语中的使用特征的术语，其具有的重要特点是在建筑学的语境里至今作用都不曾因概念细分、含义转移、话题变迁而被抛弃。"建筑功能"在传播的路径中与"形式""美学""现代主义""环境"等问题的关系常常反复变化，在使用中具有很强的与其他概念结合的能力，这一不常规的话语状态表现出对它含义解释的多样性的可能，但又无法被合理地成功定义以圈定其范畴，这使得对它的讨论显现出一种持续存在的矛盾。

#### 2. 建筑功能的确定

对于建筑工程项目来说，设计是先导，功能需求调研是前提。功能需求的梳理和策划，能使设计过程更具针对性，可以有效减少项目建成后与实际使用需求不协调的问题。功能需求的影响因素很多，包括功能空间的类型、功能空间的使用对象、功能空间的使用方式和功能空间的品质等。本节将影响功能需求的因素总结为三个方面，分别为功能空间的性质、功能空间的面积和功能空间的品质。

（1）功能空间的性质

功能空间的性质也就是功能空间的类型和形态。因此，确定功能空间的类型和形态，是梳理功能需求的前提和基础。

（2）功能空间的面积

功能空间的面积即不同类型功能空间的大小及容量，功能空间的面积由单个空间的面积和相同空间的数量所决定，功能的性质对单个空间的合适尺寸有特定的要求。单个空间的面积有合理的面积范围，而空间的数量的影响因素较为复杂，需要结合人员结构、功能定位、发展方向等综合考虑。拟定不同功能空间的面积范围，能够控制功能类型的整体规模，是进行功能策划的关键步骤。

（3）功能空间的品质

功能空间的品质不完全等同于空间的质量，但又与质量息息相关，没有质量就谈不上品质。在质量满足要求的前提下，就需要更加关注使用者的感受，更加关注空间的品质。功能空间的品质，是拟定功能需求时需要综合考虑的要素。

## （二）建筑技术

现代建筑技术与艺术相结合所呈现出设计形式的多元化使得现代建筑变得多样化。构成形式在建筑外立面上被应用时，只是运用构成形式这种思路理念进行设计构想，而使这种设计构想最终成为现实，成为一个优秀的建筑作品，主要靠建筑技术的配合。所以一个建筑的成功与否，不仅设计构想很重要，建筑技术也显得至关重要。

工业化大生产的发展，使建筑技术有了很大的进步。新的建筑材料、结构技术、设备、施工方法不断出现，为当今建筑的发展开辟了广阔的空间。建筑技术的发展和工厂化的装配生产，为我们不断提供各种轻质、高效及质感丰富的外墙材料。从生铁到合金和玻璃，这些新的材料的产生使建筑外立面摆脱了以前笨重的砖石与混凝土结构的束缚，为各种形态的建筑外立面提供了可能性，呈现出极具现代化气息的崭新面貌。科技和艺术的紧密结合也起了重要的作用，它们成为新建筑思潮的促进者。

### 1.装配式建筑技术

（1）概念界定

"装配式建筑技术"这个概念源于装配式建筑，而装配式建筑指的是"由预制部品部件在工地装配而成的建筑"［这一定义出自2017年住房和城乡建设部发布的《装配式建筑评价标准》（GB/T 5119—2017）］。"装配式建筑"这个概念最早出现于"二战"以后的欧洲。"二战"时，欧洲各国饱受战火摧残、满目疮痍，建筑物悉数被毁，一大堆欧洲人民没有栖身之所。为了尽快解决这帮人的住房问题，在劳动力短缺的情况下，装配式建筑在欧洲兴起，它以施工工期短、作业效率高、劳动力需求小等优点，得到了欧洲政府和人民的青睐。

装配式建筑技术，正是基于装配式建筑的一种创新理念，一种全新的建造技术与工业化生产方式，具体指的是依靠标准化的定型设计，将建筑各构配件在工厂进行专业化生产，运输到工地现场、采用可靠的拼装固定方式完成结构物建设，进而实现结构整体功能性的建筑技术。它主要有五大特征：设计标准化、生产工业化、现场装配化、装修一体化及信息管理化。

装配式建筑技术，主要有以下优势：①建筑构件是在工厂预制，容易采用机械化作业，故对劳动力需求小；②构件是先在工厂预制好，再运输到现场进行拼装，故对环境污染小，对周边居民干扰也小；③受恶劣天气影响小，工期容易把握；并且，工厂预制和现场拼装可以同时进行，加快了项目进度、提高了生产效率；④资源浪费小；⑤安全性更高。

装配式建筑进入我国的时间虽然跟在国外兴起的时间差距不大，但由于各种原因，一直未能引起足够的重视。直到近几年，随着我国人口的日渐增多及传统建筑业粗犷化生产暴露出来的问题日益严重，国家逐渐重视推行绿色建筑并倡导可持续发展理念。而最大特点是"能够实现可持续发展"的装配式建筑，自然成为国家绿色建筑的主要推手，得到了国家及地方政府的大力支持。

装配式建筑之所以能够上升到国家战略层面的高度，主要在于其无与伦比的优势。大部分建筑构配件都在工厂生产，只是运输到工地现场进行统一安装，受恶劣天气限制相当小，可以大大缩短工期，节省全生命周期成本，同时，也可以降低现浇作业时建筑工人发生意外事故的风险。此外，部分构件统一由工厂生产，依据项目进度调配至施工现场，不仅避免了建筑工地上材料乱堆乱放的现象，还极大地减少了现场作业流程与对劳动力的需求，同时也减少了环境噪声污染，更加绿色环保。所以说，装配式建筑是解决我国传统建筑行业所面临的各种问题的有力途径，是建筑工业化的必然趋势。

装配式建筑依据的结构形式主要有装配式木结构、装配式钢结构及装配式预制混凝土结构。2020 年，在新冠肺炎疫情最严重的时候，备受瞩目的武汉雷神山医院就是采用装配式钢结构形式建造而成的。数千名工程技术人员仅用 12 天时间便完成了这座建筑面积高达 7.9 万平方米医院的建造任务。如此神速，除了体现我国政府及民众在疫情面前不畏艰难、共克时艰的勇气与决心之外，更体现出装配式建筑的强大优势。

然而，装配式建筑是一个系统的工程，只有把握装配式建筑各环节的技术，才能对装配式建筑有更深入的理解，也才能在推广过程中针对各环节所存在的具体问题进行具体分析并找出具体解决办法，从而将推广工作落到实处。

（2）装配式建筑技术的发展

1）国外装配式建筑技术的发展

19 世纪，欧洲开始出现工业化预制技术。1854 年，德国生产的首个预制构件——人造石楼梯开启了世界预制件的历史。由于世界大战的影响，这一新兴技术被搁浅在历史的长河中。当时欧洲很多住宅都采用预制装配式手法建造而成，有的甚至留存至今。当时，英、法、德等国主要采用的是预制混凝土大板建筑。20世纪70年代，装配式建筑技术在美国开始兴盛起来，主要表现形式有活动住房和盒子结构建筑；与此同时，美国还设置了一个专门的协会长期负责装配式建筑的研究与推广。20世纪60年代，随着经济发展和人口的增多，日本充分借鉴欧美等国的先进经验，首次提出了装配式住宅的概念，主要采用的是装配式混凝土结构。20世纪80年代，新加坡也将装配式建筑的概念引入工程中，在该国的组屋项目中推行建筑工业化。

截至目前，装配式建筑技术在欧美及亚洲的日本、新加坡等国，已经相当成熟。各国大力开发大型混凝土板预制装配式体系，形成以通用部件为基础的装配体系，积极探索装配低碳化、个性化、绿色化目标的达成与实现。瑞典在新建住宅中，通用部件使用率达到82%；丹麦将建筑模数法制化，鼓励标准化构件以降低消耗；法国目前以发展预制混凝土体系为主，装配式钢结构、木结构体系为辅，装配率高达80%。美国的建筑工业化程度已经相当高，关于装配式建筑技术的各大标准与规范亦相当完善，大城市主要采用装配式钢结构与装配式预制混凝土结构，小城镇主要采用装配式木结构和装配式轻钢结构。

2）国内装配式建筑技术发展

装配式建筑技术进入我国的时间，相较于在国外兴起的时间，其实晚不了多少。到目前为止，装配式建筑技术在我国的发展，大致可以划分为四个阶段。

第一阶段：20世纪50—70年代，起步阶段。1956年，《国务院关于加强和发展建筑工业的决定》中明确指出：要积极有步骤地实行工厂化、机械化施工，逐步完成向建筑工业化的过渡。当时主要是借鉴苏联经验，采用装配式预制混凝土大板建筑技术建造房屋。

第二阶段：20世纪80—90年代，发展起伏阶段。20世纪70—80年代，我国装配式建筑技术发展迅猛。80年代末期，由于科学技术的进步，现浇建筑的优势逐渐显现，加之，之前建成的装配式大板建筑陆续出现诸如漏水、灌浆不饱满、构件连接不牢靠等各种问题，尤其在1978年唐山大地震中，一批预制装配式房屋受到破坏，严重危害了民众的生命安全，更是给人们留下了极大的负面印象，这使得装配式建筑技术停滞不前。直到1995年，国内开始意识到建筑业可持续发展的重要性，而装配式建筑技术作为实现建筑工业化的必然途径，再度进入公众视野。

第三阶段：2000—2015 年，重新崛起阶段。随着我国传统建筑业所暴露出来的问题日益严重，以及绿色环保、可持续发展理念的深入人心，我国政府和建筑行业权威人士都在探索建筑行业的产业升级，装配式建筑技术作为建造行业中的一项技术创新，逐渐被重视起来。2014 年以来，中央和地方政府相继出台了多项举措，以期大力推动装配式建筑技术的发展。由此，我国装配式建筑技术的发展进入了一个全新阶段。

第四阶段：2016 年至今，大力发展阶段。2016 年可谓我国装配式建筑技术的发展元年。李克强总理在当年的《政府工作报告》中明确提出要大力发展装配式建筑。同年 2 月，国务院又正式发文，规定要用 10 年左右的时间，使装配式建筑占新建建筑的比例达到 30%，由此将装配式建筑的发展与推广上升到一个全新的高度。在中央的大力号召下，地方各级政府纷纷发布装配式建筑发展规划。

**2. 绿色建筑技术**

（1）我国绿色建筑技术的发展背景

随着我国科技的进步和经济实力的增强，环境问题随之而来。面对经济建设中出现的问题，我国不断调整发展模式，同时积极探索符合我国国情的生态文明之路。在建筑业的发展路途上，我国也一直在不断修正与完善，寻求协调建筑与环境的优质模式，绿色建筑思想也在不断酝酿。

1）绿色建筑技术的政治经济背景

绿色建筑是我国城镇化进程中的一场革命，对人们理念、生活方式的转变及行业发展均产生了深远影响。从 1992 年联合国环境与发展大会第一次比较明确地提出"绿色建筑"的概念，到后来的发展，绿色建筑充分吸纳了节能、生态、低碳、可持续发展、以人为本等理念，内涵日趋丰富成熟。建筑业是我国国民经济的支柱产业，建筑业的一举一动会引发经济状况的波动，同时，建筑与人类生活息息相关，是日常工作生活中不可或缺的部门。自改革开放以来，我国经济水平不断提高，人民的物质需求逐步提升，对于建筑的要求也越来越多，建筑不仅需要满足功能需求，更需要平衡现代审美与文化传承二者的关系。

随着经济的发展，生态环境遭到破坏，自然生态系统受到重创，于是整个世界范围开始倡导环保，建筑业也开始倡导走向生态化。我国虽然引入绿色建筑概念较晚，是从 20 世纪 90 年代开始的，但是这一概念在我国得到了充分认可与发展，尤其后来在我国建设资源节约、环境友好型社会的趋势下，绿色建筑技术的内容得到了快速的丰富。住房和城乡建设部关于绿色建筑的规范逐步细化、逐渐完善，各项法律法规更加具体，措施更加详尽，这也是促进我国绿色建筑发展的关键因素。

2）绿色建筑技术的社会文化背景

首先，全世界都在关注环境与建筑业的生态问题。随着人们的生态意识和绿色消费观念日益增强，绿色建筑技术也开始走向全世界，走进人们的生活中。加拿大的空中花园可以观赏假山、水池与花坛，日本、德国纷纷营造彰显各自风格的屋顶花园，而新加坡的森林城市也正在如火如荼地进行着，这些走在前列的建筑风格，让绿色建筑深入人心。

其次，绿色建筑技术是我国古代建筑技术的延续。我国风水建筑是古代"天人合一"思想在建筑领域的体现，强调人与自然的和谐，始终把建筑物看成大自然的一部分，作为人类赖以生存的"气场"。风水建筑讲究"背山面水"，其实就是追求建筑与周围环境的完美结合。生态建筑学把人、建筑与环境看作一个整体，这与风水建筑思想形成了强烈的共鸣与呼应。从这个角度说，今天的绿色建筑是我国风水建筑的延伸与发展。

此外，绿色建筑技术顺应我国当前资源节约型、环境友好型社会的建设趋势。节约资源、保护环境已经成为时代发展的主题，人们在日常生活中需要为此约束自己的行为，尽到保护环境的职责，建筑业作为国民经济支柱产业，更具有义不容辞履行节约资源与保护环境的责任。

（2）绿色建筑技术的类型

绿色建筑的环保理念贯穿于绿色建筑技术的内容中，使绿色建筑最大限度地融合于自然界，绿色建筑技术节能与低能耗的性能符合节约能源的要求；绿色建筑技术使用可回收与降解材料体现的是减少环境破坏的初衷；同样，绿色建筑技术在设计时便从节约资源与减少破坏的角度出发，将建筑内外环境连通，使建筑与环境结合起来，通过资源的循环利用，最大限度地实现可持续发展。

1）日照技术

日照是指物体表面、地段、室内被太阳光直接照射的现象。良好的建筑日照会改善居住区的环境，也关乎建筑用地的规划与使用率。人类进入建筑环境，首先感受到的就是室内的光线和温度，正因如此，绿色建筑技术照明采光的问题显得极为重要，在改善建筑室内或地下空间的自然采光方面，绿色建筑技术针对不同类型建筑分别做出了不同的规范与要求。

在公共建筑中，适宜采用中庭、天井、屋顶天窗等设计加强室内自然采光，在外窗设置反光板和散光板可以将室外光线反射到进深较大的室内空间。对于无自然采光的室内大空间，特别是儿童活动区域、公共空间、活动室等，可以使用光导纤维、导光管等技术，从屋顶或侧墙引入阳光，从而改善照明的舒适度，最大限度节约人工照明。在居住建筑中，对于顶层的房间，采用导光筒等技术可以有效改善室内自然采光效果；对于地下室，宜设计下沉式庭院，或使用窗井、采光天窗进行自然采光，但要处理好排水、防水等问题，也可将地下室设计为半地下室，直接对外开门窗洞口，有助于改善自然采光和自然通风，提高地下空间的品质，减少照明和通风能耗。

2）通风技术

在绿色建筑技术的设计中，合理的通风技术不仅有利于降低室内温度，还有助于调节空气湿度、改善空气质量。因此建筑物的自然通风是必须考虑的设计内容。根据对建筑场地环境及当地气候条件的考虑，不通过消耗能源的手段（如空调等），借助自然手段调节建筑内部空气环境的方式称为被动式通风。这种通风方式包括两方面内容：一是通过建筑的排布、朝向、形体选择实现自然通风；二是借助热量交换设备实现热交换。

在建筑总平面的布局上，必须满足城市规划的要求。建筑的排布宜采用行列式或自由式，且在排布时，还应注意前排建筑应低于后排建筑，且分布应该高低错落，以便于自然通风。在绿色建筑技术的设计中，建筑排布呈"一"字且体形过长时，会适当设置过街楼来增加自然通风；对于利用穿堂风进行自然通风的建筑，应根据地区情况考虑其迎风面与夏季最多风向夹角的大小；当建筑的布局由于条件限制不利于自然通风时，可利用树木、绿植的合理布置对气流进行诱导，以便于建筑的自然通风。

在绿色建筑技术中一般选用太阳能换热器和地下管道空气预处理系统对室内空气加温或降温；除了借助热交换设备，还可以选择风压、热压通风方式，在建筑物受到风压力或热压力时，通过压力差达到气体交换的作用；也可以选择新型通风技术——双层围护结构，这种结构广泛应用于高层建筑中，即采用多层玻璃，中间设置空气夹层，利用太阳能产生压差促进气体循环，从而达到通风和气体交换的目的。

3）遮阳技术

参考国外的绿色建筑项目，如新加坡、美国、英国等，借鉴国内实施较为成功的绿色建筑案例，绿色建筑技术在遮阳方面，宜采用绿色结构、智能幕墙、高效能玻璃等；除外墙、窗户等需要采取遮阳措施外，屋顶也是调节温度的重要场所，屋顶绿化不仅可以美化环境，还可以改善气温，同时也可以改善室内气体环境。屋顶绿化后，植被所形成的覆盖面对于其表面温度有着良好的调节作用，因此，屋顶绿化对于调节温度、保护建筑物表面有着积极的作用。

屋顶绿化最大的难题是屋顶称重，因此在考虑屋顶绿化时，应该考虑轻薄和保水，需要重量轻且便于绿化的建材。植草水泥应运而生，它采用多孔轻质火山岩浆骨料，与普通水泥、添加剂、草种混合加工成地砖大小，在此种地砖浇水即可使植草成活并长出绿荫，成活率约为 95%，且整个绿化周期可到 10 月。由于我国不同气候区域温差较大，北方地区夏季较短，而南方地区夏季周期较长且平均温度较高，因此屋顶绿化目前在南方地区的适用性更强。在屋顶建立屋顶花园、墙面绿化系统等措施，不仅可以吸收雨水、保持湿度，还可以形成建筑垂直景观，为城市提供世界级园境生活。

4）保温技术

对于南方关注的遮阳技术，绿色建筑技术在北方地区则更多考虑保温与能效问题。其中，技术上主要采用混凝土空心砖块和高效节能窗辅助保温，以实现节能功效。建筑保温技术主要考虑建筑外墙、外窗与屋顶的设计。其中，建筑外墙保温技术具体包含内保温与外保温两种方式，内保温方式较为简易，技术相对成熟，但是由于其施工面积大较容易引起开裂，因此影响施工效率；外保温方式相应减少了面积，还可以有效减少"热桥效应"（热桥效应即热传导的物理效应，由于楼层和墙角处有混凝土圈梁和构造柱，而混凝土材料比起砌墙材料有较好的热传导性，同时由于室内通风不畅，秋末冬初室内外温差较大，冷热空气频繁接触，墙体保温层导热不均匀，产生热桥效应，造成房屋内墙结露、发霉甚至滴水）的问题，提升居住品质。因此，相比之下，外保温方式作为节能技术被广泛应用与推广。

由于现代建筑风格的影响，办公室与商业建筑更倾向于采用大开窗，居住建筑中虽然沿用小开窗，但是对于门窗的保温性能要求也更高。绿色建筑更倾向于选择保温性能更好的中空玻璃，对于有特殊要求的建筑，如玻璃幕墙，会采用技术改变普通中空玻璃光学性能，或者采用高透型 Low-E 玻璃以达到高穿透率的效果。除新型玻璃外，东北和华北地区多采用双层外窗夹层处设置发泡的方式以达到保温的目的。在同样采暖条件下，冬季室内温度可平均上升 2 ℃左右，这一措施既可以提升室内温度，也可以达到节约能源的目的。

由于屋顶承受了室外的最高温度，因此屋顶的保温隔热措施十分重要，南方可采用屋顶花园，北方多数选择在防水层与屋面板之间铺设轻质的保温材料或将防水层放于保温层以下，两种方法都有利于缓解室内外温差，起到保温、隔热的作用。采用的保温材料应具有导热系数较小、比热容较低且材质较轻的特点。

5）节水技术

绿色建筑是可持续发展建筑，能够与自然环境和谐共生。水资源是全世界的珍贵资源之一，是维持人类生存、生活和生产的最重要的自然资源，在建筑设计中必须考虑水资源的利用。如何在建筑设计、建造和运营过程中最优化地分配和循环利用水资源是我国绿色建筑技术的关键，也是我国建筑节能举措的关键之处。在绿色建筑设计中，主要应关注以下四点：一是在建筑供水系统实施节水技术；二是注重中水的处理与回收技术；三是充分利用雨水收集与利用技术；四是采用非传统水源的输配技术。

绿色建筑节水技术，通过先进的绿色建筑材料与制造工艺降低了整个建造过程中的用水量，将节能理念贯穿至整个建筑阶段，从而提升了绿色建筑的水资源利用率。

6）降噪技术

在室内环境的影响因素中，噪声对于生活的影响不可小觑，随着经济与建设的现代化发展，高楼林立的城市中无法避免噪声的影响，周边道路上的汽车鸣笛、施工的建设场地或者附近校园的活动都可能对室内声音质量产生影响。关于室内声环境，我国《民用建筑隔声设计规范》（GB 50118—2010）中也有详细的规定。维护好室内声音环境，不仅能保证生活环境的舒适、健康，也是绿色建筑技术的声音质量追求，其设计要点主要包括以下几个方面：建筑环境的选址布局尽量选择噪声影响较小的区域，如果受周边条件限制，无法避免噪声，应在建筑物与噪声源之间设置植物、景观进行隔离；将一些必备且噪声较大的设施，如空调机房、电房、水泵房等尽量布置在远离人类生活居住的地点，并在周边采取降噪、防辐射的措施以减少其对人体的危害；在室内建设中，应采用隔声材料，安装隔声吊顶、隔声楼板等减少室外与室内噪声的影响；对于有特殊需求的建筑物，如报告厅、食堂、歌剧院等，需要特殊的声学设计来满足其功能需求。

7）其他技术

绿色建筑技术尽力实现节约资源与保护环境，并引领全新的高效宜居空间建设，维护人与建筑、自然的和谐有序关系，营造健康高质量的建筑。绿色建筑技术涉及建筑的方方面面，除以上技术外，绿色建筑技术还包含防潮技术、防水技术、新能源照明技术等，这些技术的应用使得建筑成本得到有效控制，节能的标准得到提升，满足了消费者的购买应用需求，进而实现了高品质、高舒适度的建筑体验，使建筑价值实现最大化。随着绿色建筑技术的不断发展和完善，更多更清洁、高效、适宜人类生活的服务技术将会产生，随着时代的进步，这些技术也将逐步取代传统建筑中高耗能、低舒适度的技术，为人类带来更加健康美好的生活居住体验。

## （三）建筑形象

国际建筑行业发生了深刻的变革，城市化发展不断加快，接踵而来的是建筑设计项目的急剧增加。建筑形象以其自由性的特征而倍受建筑师的关注，同时衍生出的问题也是每个建筑师团队不可回避的。随着经济的繁荣发展，各种标新立异的建筑形象获得了大家的热烈追捧，但在这些创新型建筑形象背后，建筑形象设计一般要经过建筑师多次思维碰撞来循环修改。而建筑师之间的协同合作是否高效直接影响建筑形象的生成效率。因此，建筑形象因其自由性和灵活性决定了整个建筑设计过程的漫长与反复。

建筑形象并无确切定义，建筑物既是劳动产物，又有其艺术形象。建筑形象不仅包括裸露在外的城市表皮形象，还包括平面的功能布局以及内部空间的组合，包括表皮的色彩与质感，也包括建筑各部分细节的装饰及综合的艺术创作效果。一个优秀的建筑形象设计往往能给人以巨大的感染力，使建筑物成为一座城市的地标建筑，给人以精神上的满足与享受，因此建筑形象设计在建筑创作过程中经常发挥关键性作用。从古罗马时代维特鲁威的《建筑十书》起，建筑立面就是建筑学的一个深入研究对象，而建筑表皮更是直接涉及建筑形象，自然也不可避免地与建筑美学联系起来，而建筑美学就是将建筑特定的面独立出来，用分析、形式美学的方法研究建筑形象美的规律，如各部分的比例、尺度、协调等的一门新兴学科。

### 1. 建筑形象设计的开放性

开放系统相较封闭系统，是指系统在运行中与外部环境存在不断的物质、信息和能量的交换。判定一个系统是不是开放系统，主要看系统是否会随着外部因素的改变而改变。建筑形象设计受多种因素影响，自然条件、生产水平、气候条件及文化、规范等都会对建筑形象设计产生复杂的影响。

另外，判定一个系统是不是开放系统，还要看外界对系统内部各种因素的输入是否平权。建筑形象协同设计强调身份平等性原则，各个建筑师主体都会平等地得到外界对其输入的信息，同时对其反馈的信息也会平等处理。在目前的建筑形象设计过程中，许多外部输入的信息并不能平等地输出给设计团队的每个成员，致使建筑形象设计的低效反复等情况屡屡发生。所谓开放系统，也不是"百分之百"开放，而是需要形成一个系统的边界，建筑形象设计系统也有边界。

**2. 建筑形象设计的非平衡状态**

远离平衡态是建筑形象设计与协同学契合的又一个必要条件。如果建筑形象不需要人为设计或者说是建筑形象都是统一无变化的话，就不会产生建筑师之间的思维博弈，那么相关问题也就失去研究意义，系统就会处于有序状态，但这种有序不是真正的有序。协同学所说的有序结构是"活结构"，对于遇到的相关问题，系统不断产生减少混乱性的负熵，又不断从外界引入增加混乱性的正熵，使系统不断吐故纳新。建筑形象设计就是设计团队系统的熵，团队各主体协同设计就是向系统输入负熵。建筑形象设计拥有千变万化的特性，同时建筑师又拥有的权威性心理、知识文化差异等导致建筑形象设计存在的问题较多，不论在设计团队内部还是外部建筑形象设计都处于一个非平衡状态。

**3. 建筑形象设计的非线性相互作用**

"线性"与"非线性"在数学层面上来说，常用于区别函数对自变量的依赖关系。线性函数即一次函数，其图像为一条直线；其他函数则为非线性函数，其图像不是直线。线性即整体等于各部分代数和，而非线性则不再是简单的代数和关系，可能会出现不同于"线性叠加"的增益或减损。一个系统若想走向自组织必须是一个非线性体系，一个非线性系统的组成因素在数量上首先要大于等于二，其次各因素在特性上要相互独立且有相当的差别。建筑形象设计需要多个建筑师主体共同参与、共同设计，建筑师在接收信息平等的前提下相互竞争与合作，从不同的角度作用于建筑形象设计上，因此判定他们之间的作用是非线性的。

**4. 建筑形象设计的涨落**

涨落也被称作起伏，是系统序参量在某一平均值上下波动。涨落代表着系统的无序状态，建筑形象设计也存在着涨落。系统通过涨落而引发结构的失稳，在由无序到有序这一过程中，会形成新的有序结构。例如，建筑师在建筑形象设计出现分歧时，会在非线性机制的作用下采取整体性行为，通力协同，从不同的角度来解决建筑形象设计问题，促使系统回到有序的状态。

# 第三节　建筑设计的内容和程序

## 一、中西方建筑设计内容的比较

所谓建筑设计主要指的是在建筑物开始建造之前，由设计师按照建设的任务对建设施工的各项任务以及在建设中会出现的各项问题做好事先的规划，随后通过方案、图纸、文件等方式将其表达出来。建筑设计极为重要，可以有效保证整体建筑施工按照科学规划开展，同时也能确保各道施工工序有条不紊地进行。随着社会的发展与科学的进步，建筑设计的内容开始逐渐变得复杂起来，其中所涉及的内容也比较多且繁杂。

### （一）建筑布局设计方面

中西方建筑设计最明显的差距往往存在于建筑布局设计方面，二者之间存在明显的差异性。因此，在建筑设计教学工作阶段，为了充分提高教学的质量，需要充分明确中西方建筑设计在布局之间的不同，在教学中精确分析中西方建筑布局设计之间的差异，从而提高教学工作成效。

#### 1. 中式建筑布局设计

从布局设计方面来讲，中式建筑布局设计大多较为简单且具有组织性与纪律性，在建筑走向上讲究主次感、层次感分明，各个建筑布局之间具有一定的功能性关系，同时各个建筑之间通常以对称的方式进行布局，并且横向与纵向之间相互照应，从而使整个建筑布局设计层次感更加鲜明，彰显出中式建筑的独特风格。例如，北京故宫，既充分体现出了中式建筑布局设计的独特性，彰显出了中式建筑的古典之美，又充分体现出了中式建筑布局设计的审美观念，对现代中式建筑布局设计也产生了一定的影响。

#### 2. 西式建筑布局设计

西式建筑布局设计与中式建筑布局设计不同，它更加强调单体空间布局的开放性，并且更加注重建筑物的高度。从古希腊、古罗马的城邦布局设计开始，西式建筑布局设计就比较注意使用柱廊、门窗等，这样可以增加信息之间的交流与透明度，通过外部空间将整个建筑包围起来，从而彰显出整体建筑布局设计的实体形象，而这种具有开放性特点的布局设计理念，对于西式建筑布局设计产生了较大的影响。

## （二）建筑结构设计方面

### 1.中式建筑结构设计

中式建筑结构设计与西式建筑结构设计存在较大的差异。中国传统建筑结构常常以木构架为主，并且形成抬梁、穿斗、井干三种不同的结构形式。其中，采用木柱、木梁等结构形成房屋的构架，在屋顶与房檐上的压力通过木梁架传递给承重立柱，是我国传统建筑的主要结构设计方式。从民国时期开始，我国的建筑设计便受到外国思潮的影响与冲击，同时在建筑设计中也一改以往的结构设计方式，将轻钢结构应用到建筑当中，同时也采用混凝土结构形式，形成了独具特色的中式建筑结构设计风格。

### 2.西式建筑结构设计

西式建筑结构设计与中式建筑结构设计不同，其在建筑结构设计方面通常以单体建筑为主，同时在结构设计中较为注重建筑外部造型，强调在建筑体量上拥有巨大突兀。这种结构设计风格在一定程度上受到西方国家审美观的影响，其中西方国家的神庙建筑便独具西方建筑特色，其最大的结构特点便是柱式建筑，以单体式构成整体建筑，同时有围廊结构，通过围廊将建筑物主体包围起来，在建筑物当中最为明显的部位便是柱子与檐部。

## （三）建筑选材方面

中西方建筑在选材方面的差异、不同的设计风格，以及建筑设计的不同功用，形成了中西方建筑设计两种截然不同的艺术风格，从而使中西方建筑设计产生了不同的艺术理念。

中国古代建筑在选材方面是以木材为结构框架的。对于中式建筑选材来说，由于当时的自然环境与社会条件不同，再加上中国盛产木材，所以木材便自然而然地成为中国古代建筑设计的选材主体。

传统的西式建筑，在选材方面长期以石材为主体。西方与中国不同，由于其盛产石材，同时西方人对于石材的选用也情有独钟，尤其对于大理石，所以西式建筑设计在选材方面更加青睐于石材。石材具有较好的耐火性，同时不易虫蚀，因此在西式建筑设计中得到了极为广泛的应用。

## （四）建筑植物配置方面

中西方建筑在植物配置方面也存在一定差异,使中西方建筑形成了不同风格。

### 1. 中式建筑植物配置

在中式建筑设计中,植物配置充分体现出了中国传统的造景思想,体现出了设计师对于大自然的向往与追求,总体植物配置追求天人一体、浑然天成的艺术美感,主要原则就是对大自然进行模仿。虽然植物景观是人为设计的,不过后期的设计效果却是浑然天成、宛若天开。总体来说,中式建筑植物配置主要有孤植与丛植两种方式,中式建筑的植物配置更加注重单体植物的审美,并且彰显出大自然景物之奇,同时也不会试图对植物景观的外形进行改变,如将其修剪成几何形状,因为这样的做法违背了大自然规律。丛植景观是中式建筑设计中的一种常用景观,丛植景观不但可以彰显出中式建筑的自然之美,还可以使植物景观与建筑融为一体,提高建筑的美感。

### 2. 西式建筑植物配置

西式建筑的植物配置,则更加强调建筑设计之间的构景功能。由于西方国家具有的温带植物的种类较为丰富,所以通常会将绿植环绕草坪的形式应用到设计中,这便形成了西式建筑设计植物配置的固有特点。尤其是在文艺复兴之后,西方国家更是将园林植物当作一种建筑材料来使用。

## （五）建筑设计理念方面

中西方建筑的设计理念同样也存在一定差异,而这也是中西方之间审美观念之间的不同。

### 1. 中式建筑设计理念

从建筑设计理念来看,中式建筑在设计过程中更加看重建筑设计所表现出来的美感与建筑所传达出的观念,中国传统建筑设计不靠计算、不靠定量分析,同时也没有应用形式逻辑等方法,而是以师傅带徒弟,通过言传身教的方式将设计理念传承下去,并在实践当中总结经验,尤其是在中国古代的帝王陵寝设计中,通常还会将风水学说及五行相生相克的原理应用其中,力求做到一种与天地自然融为一体,达到万物自然和谐的设计效果。

### 2. 西式建筑设计理念

西式建筑则着眼于实体,以开放性的设计理念进行建筑物的设计,而这也是西方开放性思想影响的结果。西式建筑设计理念则不然，其突出整体设计的开放性，并且希望驾驭自然，更加喜欢通过几何图形来进行建筑设计。

## 二、建筑设计的程序

### （一）信息加工输入

现场信息、用户信息、项目建设信息、项目环境信息是需要收集、整理的主要信息内容。设计师在接到一个可持续建筑项目任务时，首先要做的就是对项目的要求、资源、环境、条件等处于混杂状态的大量信息做收集、整理和理解的工作，其目的是充分了解服务的一般对象及大致性质、设计的大体内容与规模、实施的有利因与制约因。设计师要扮演的是一位出色的侦探，应尽量摸清包括文字信息、图像信息、数据信息等在内的所有内部与外部信息。任务书只是信息来源的一部分，必须通过现场踏勘、用户调研、查阅资料、调查访问、实例分析五种方法收集建筑项目的更多信息。

到现场是为了获得场地的环境信息及感性认识，现场状况决定了建筑项目启动的基础。用户最清楚建筑的核心功能是什么，业主和用户的意见至关重要，此为设计最根本的出发点。查阅资料对任何可持续建筑项目来说都是不可忽视的，这一环节能为设计提供理论、规范、知识、数据等相关支持和依据。调查访问是补充现有信息不足的鲜活手段，可以使设计师对项目的背景、条件和问题有零距离的真切认知，获得更为全面深入的信息。实例分析可以为设计提供捷径和参考，剖析设计案例可以从中获取灵感和有益的经验。

### （二）双向需求评估

当从信息加工进入设计前期的分析研究阶段时，标志着整个设计流程的第一次目的对象、思维内容、行为方式的转向，开启的是对可持续建筑项目的系统性"目的—要求"分析。设计首先要考虑的就是用户和业主的利益，但这种考虑一定是以避免对自然环境的伤害为前提的。业主作为"最后的决断者"，拥有最高的话语权，决定着建成一个什么样综合性能的可持续建筑。用户作为"最终的权威"，是决定建筑功能与品质的最关键一方。但建筑的存在和运行应尽量避免对所处的周边区域环境造成不良影响，建筑在整个生命周期过程中应尽量减少对自然环境的不良影响。将环境扰动控制在自然生态的承载范围以内，是实现建筑可持续目标的基础。以人为本与环境保护是项目方案重点要设计的核心的可持续功能，对两者的双向需求评估是一个从整体至细节、从宏观至微观、从复杂至简单的可接受度平衡的求解过程，它呈现出的是项目方案所必须构建起的功能价值属性的粗壮两翼，是建筑完整的最本质需求内容。

就业主需求的评估，设计师要准确理解业主对建筑项目的价值期望，一般是侧重在经济利益上；就用户需求的评估，设计师要真正体会使用者对人居环境的具体要求，包括实用、舒适、美观等许多复杂因素，需要深度思考居住、工作、交往、娱乐等内容。在对此两者需求做确认之前，设计师往往需要与业主和用户进行深入沟通，让他们认识到可持续与主体需求的内在一致性，以及在经济上的可行性和环保上的必要性，帮助其调整思维，厘清正确的建筑概念和环境观念。以保护生态环境的方式实现建筑的最主要功能，便是从根本上给予建筑项目一份在生态环保设计方面的重要品质保障。在设计定向阶段，对建筑的整个使用情景过程及其环境影响要有一个预判，在信息组合模型范围内做尽可能多的场景假设，连接"空间—适用"和"环境—生态"这两个目标，以核心节点衔接多方面的子项目任务，统摄各个要素之间的紧密关联和相互制约来考虑问题，通过悉心反复的双向分析，从各种信息解构重组和需求发掘中导出设计需要解决的最主要问题，以及建筑项目大致方案的意向与头绪，为全面可持续价值的分析搭建好基础和主要框架。

## （三）三重系统协调

对可持续建筑项目在人、社会、自然三个方面所应具备的功能价值的全面分析，是设计前期分析中的又一个主要内容——在使用需求和环境需求确定的基础上，叠合更宽广维度的价值需求内容。可持续建筑不仅存在于给定环境中，还存在于一个"社会—经济—环境"的复杂环境系统中。设计师要扮演一个极具洞察力的问题分析者，真正去理解可持续视野下相互依存、相互影响、既有矛盾又要共处的多重需求及其价值关系。首先，满足人的需求是可持续设计的最终目的，但其范围不能只限于建筑的使用者和拥有者，与建筑项目有关的所有人的需求，以及项目对人们可能形成的影响，也应该是设计人员要考虑的内容。其次，可持续性的需求分析必须充分顾及社会的构成和运转的复杂性和流动性，探索建筑项目涉及的诸多因素或事物在经济、文化、伦理等社会层面可能产生的正效应和负影响，以及目前所亟待解决的重要问题。最后，环境保护是可持续建筑的基本底线，所有维度的需求或价值评估，都必须将环境影响控制在可以接受的范围内，并尽可能做到利于环境保护和促进生态平衡。

三重系统的价值需求拟合应本着"环境—建筑—人"三位一体概念下的人本意识、环境意识、社会意识、经济意识、文化意识、可持续发展意识，借助生态学、社会学、心理学、经济学、管理学、伦理学、艺术学、民俗学、政治学等学科和专业的原理、规律、方法，依据项目资源和实际条件，通过逻辑思维和感性认知的分析、比较、判断、推理、取舍、综合来就两个内容形成认知。一是厘清建筑项目的管理者、生产者、拥有者、使用者、关注者等一切利益相关者对项目的价值期望，以及各种利益诉求的详尽要求，并分析它们之间重合、互补或冲突的交互关系；二是做建筑项目的目标内容的综合平衡分析，全方位考察在适用功能、美学表现、环境生态、社会效应、文化意义、经济价值等方面所应创造的大体价值内容。依此两项分析结果深入探索并揭示多需求因素结构，可以初步判断建筑项目中需求与价值之间的对应关系。

全面要求整体性、统一性、协调性的设计目标定位阶段，可以形象地比喻为在一个围绕两根主轴张开的复杂网络上不断加载集成更多元的价值需求，对它们的拟合效果取决于需求加载容量和分析处理后获得的多需求一致性程度和整体价值增量程度。此过程需要设计师首先对建筑全生命周期内将会面临和要解决的多种复杂需求问题做出预判，并在信息结构框架下通过要素变量的不同组合方式进行尽可能多的动态假设，针对每一项"需求—价值"要素的分析，都必须考虑到它与其他要素之间的关系是否协调，以及它与所有利益相关者之间的利益关联度。这往往需要经历一个全盘考虑、冥思苦想的艰辛探析过程，也需要做大量的需求沟通、经验交流、意见商议、解释劝导的组织协调工作，其中说服业主是重要一环。一套业主和用户没有异议并且项目所有利益关联者都能够接受的价值组合结构，是从项目的复杂信息世界走向方案起步的转折突破口和设计发生的支点。

## （四）方案模型建构

从设计前期分析进入设计阶段，标志着整个设计流程的第二次目的对象、思维内容、行为方式的转向，开启的是对可持续建筑项目的方案探索。将信息、需求、价值进行逻辑化的感性处理，转化为流程要求、性能指标及设计过程中的评价标准，输出满足所有要求的综合解决方案，形成可视化、数据化、具体化的显像表达，此为该阶段设计任务的内容和目标。这是一项平衡多维功能需求和拟合丰富价值属性的创造性工作。设计师要扮演一位主导方案设计的协调者，组建一个或多个设计专业团队，并调动各方专业人士的参与积极性和工作能动性，在功能性、生态性、艺术性、情感性、文化性、伦理性、经济性、社会性等意义维度展开方案设计进程，共同探索如何用最小量的资源、资金、人力与时间成本消耗，最有效的技术与设计策略，最低限度的自然环境干扰，最简单的管理运作方式，创造出一个功能和服务最大化、最优质、最多种的可持续建筑。

设计有两个起点：现实的起点是场地，方案的起点在平面。从场地开始，由外向内、由大到小、由表及里——场地规划、建筑布局、单体建筑、空间功能、环境细部的方案渐进式进程，在保持平面、立面、剖面、总平面的全局眼光的同时，应始终将平面作为方案的主导。各种手工的和计算机的图、模型、模拟、文本是推进设计的工具载体，在脑、眼、手、图（模型、模拟、文本）的交互反馈过程中，首先进行的是对建筑功能的要求分析，包括空间体量、功能定义、组织形式等实用性分析，空气品质、光热环境、风环境、声环境等舒适性分析，运行、维护、管理等运营性分析，以及形态、空间、环境等形象性分析等内容。

在此详细分析的基础上，要依据场地环境、自然题材、城市文脉、传统元素、材料属性、技术结构、新潮概念、时代主题、情感特质、兴趣品位等等方面的形象、数据、资料及其特征，进行建筑方案的立意、构思、创作。要整合人员、资金、工具、平台、环境等设计资源，组织绿色材料、适宜技术、节能设备、建筑构件等建筑构成要素，进行平面设计、竖向设计、结构设计、环境设计、形式设计，并同步探索整个方案在人、社会、自然三个方面可能产生的其他可持续价值。要以建筑可持续属性的最大化为导向，将功能概念与空间精神演绎成建筑语言和工程技术形象，生成内容与形式完整，尺寸、细部、技术问题等均较为详细的设计方案。

在方案设计阶段，设计伊始就要考虑设计内容和发展维度的多样性特点，以及设计要素的独特性和耦合性特点，运用建筑哲学与理性思维、灵感与想象力、知识与经验，吸收、分析与整合各个相关专业领域的信息、知识、技能，对问题加以全面而适当的表达。对于建筑在整个生命周期中的品质、性能表现问题，以及外部需求、环境、条件的变化问题，要尽量做到周全考虑，包括项目末期的申报绿色建筑标识问题。每一步设计都要有预设前提和条件框架分析。众多投入要素所转变而成的建筑功能系统必须是一种物质能量信息的格式塔，应能产生比输入之和更大的效用输出。

此阶段是一个紧张激烈、深思熟虑的辛勤创作过程，也是主要设计人员最为专注、创造性劳动最多的一个阶段，所有设计参与者都必须紧密合作、反复沟通、分享有益建议，协助设计人员实现方案的可持续目标。这样的建筑项目方案往往没有唯一解，设计的方案和模型可能是多种多样的，应依据项目的规定性和客观条件，优选出一个或若干个"价值—成本""利益—代价"综合权衡相对较好的设计方案。

## （五）交互反馈优化

在确定建筑项目方案之前，必须有一个对方案设计的再调整、再完善、再优化过程，因为设计常常需要在信息不充分和条件不确定的情况下做出决策，没有不经过严密试验、反馈和迭代而成功的方法。根据多方综合设计评价可以判断方案的设计效果，若与设计目标相符，则参评方案即为最终的优化方案，否则，必须根据评价意见调整方案和模型中问题变量，重新建立项目内在结果和外在规定性之间的关系，对方案的某些内容或要素进行细化完善或修正优化。若经过多种多次迭代后的设计方案仍然无法满足评价要求，则需要返回到信息收集、前期分析、方案设计流程中的几个或全部环节，做信息增补或信息关联协调或价值需求分析，再次进行部分方案或整个方案的设计，对多个迭代后的方案进行鉴别比较，反复尝试、总结、优化方案，直到获得所有参评者都感到满意的最佳方案。

设计方案的适用功能、物理环境、资源消耗、环境影响、空间意义、项目成本、技术策略是考察、评价、优化的对象，对它们的优化主要是对以下建筑项目内容的设计效果进行追问和不断完善：适应当前多种功能的建筑是否同样能满足未来发生变化的功能；热、光、风、声、电、水、网络等是否都能随外部环境变化而做出相应的调整，始终使内空间和外环境处于舒适感受水平；建筑建造、运营、处废三个阶段的能源、材料、水、设备、构件的组合选择是否能最大化地节约所有资源；建筑全生命周期里是否产生最少量的废水、废气、固体废弃物排放量，是否不会产生光污染、声污染、电磁污染等；建筑造型、空间、环境是否能准确地表达出设计要求所预期的艺术效果、情感内蕴和文化含义等精神内容；人力、物力、财力、时间等的组合是否能将项目总成本降到最低；技术手段及设计策略是否最适用于本项目，是否最大限度地挖掘了建筑项目在社会、经济、伦理等维度的可持续价值。

设计方案的深化迭代阶段是一个信息反馈、调试优化、循环设计的过程，具有最为明显的非线性和动态平衡性特征。方案有效调整的每一次决策和推移都是一股向上的抬升力，每一步骤都近似于一个自我完善的圆。对设计方案的迭代优化需要专家、项目受众、设计人员的参与，计算机软件是辅助方案优化的重要工具。各领域专家能给予具有专业深度的技术性意见，一般受众能从主观感受的角度提出有价值的问题看法，计算机软件能就建筑全生命周期中的绝大多数内容、要素、过程给出客观量化的模拟与评价。优化设计应尽可能让每次子循环都形成与新概念相联结的多向交流，并保证在迭代过程中实现"真实信息"的最大化，同时也应注意方案"更上一层楼"与投入成本的平衡。这一阶段应确定出设计的最终方案，此时相应的建筑项目方案图纸、计算机模型、设计说明文本等内容也都应当制作出来。

## （六）拟对象化输出

可持续建筑项目方案确定后进入设计末期的施工预备阶段，标志着整个设计流程的第三次目的对象、思维内容、行为方式的转向，开启的是对设计方案实施的规范呈现。通过施工图和文本说明的形式，依据当地的法律规范和科技环境条件，在建筑项目方案的基础上对方案进行的二次设计——以确切的深度展开之方式表达出设计师的设计意图，并用工程语言和管理语言清楚地传达给建造者和管理者，此为该阶段设计任务的内容和目标。

设计师首先要做的是对建筑项目方案进行补充和完善，使功能的结构对位更加明确、各种细部更加符合实际建造标准和工艺要求。其次要做的是依据对项目方案与施工作业规范的要求，绘制尺寸、比例、材料、节点等内容明确详细的施工图纸，并编写图纸中未表明的部分和说明施工方法、质量要求等内容的施工说明书，主要包括工程概况、设计依据和施工图设计说明三部分内容。再次要做的是依据施工图设计及其要求，编制包括名称、规格、特性、价格等信息的材料清单，制定包括人工费、材料费、机械费等费用明细的工程预算表。最后要做的是拟定可持续建筑标识申报计划、使用后评估方案、试运营方案、管理与维护计划等建筑项目的质量保障措施内容。

设计师在将建筑项目推进至实施设计之时，应向建筑工程的所有负责方和相关支持方等完整地说明项目的设计目标和原则，与他们共同分析施工的重难点和过程中发生隐患的可能性，以避免耽误工期的现象发生，确保设计方案按照原设计意图实施。施工图纸的详尽程度应能达到可据此编制施工图预算和施工招标文件的要求，并能在工程验收时作为竣工图的基础性文件。施工说明书需要由一位有经验的可持续建筑专业人员完成，以建筑的可持续设计为重点，以可持续建筑标准的质量认证水平为要求，尽可能提供关于建造过程要求的详细附加说明，且必须有量化的、清晰的、可检查的指标和要求。施工招标文件必须明确可持续建筑性能目标，尤其是要有对能源与环境性能的必要阐述和解释。方案落地之前的准备阶段在一定程度上弱化了建筑项目进程中的思维和非理性要素，表现出推进设计实施的理性和实用性，这一"承启性"完结程序是将项目方案付诸实践的重要步骤，应完成工程施工所需要的全部设计资料和辅助资料，保证建筑方案及对项目的设想能够顺利转化为具体的建筑形式和功能，并以社会理解和认同的方式呈现出来。

## 三、建筑设计程序的相关研究

近年来，随着国内建筑行业竞争日益激烈，大中型建筑及规划项目多以公开招投标的形式确定设计单位，在评选过程中，建筑设计方案的质量水平成为决定建筑设计院竞争力的主要影响因素。如何在一个设计周期内，提升工作效率、降低设计成本及保障最终方案质量具有重要意义。而当前设计程序不完善导致工作效率降低、各专业人员间协同配合能力薄弱及各设计阶段间缺乏交互作用等，进而无法把控设计方案质量，针对这一现象，国内某些建筑设计院逐渐重视并开展设计程序优化研究，通过对大量实践项目的工作流程进行总结，提出了相应的改进措施。

当前设计程序优化多以建筑师个人经验为指导，仍属于工作时间进度安排的范畴，缺乏科学系统化的理论依据，未能从整体层面考虑设计流程、厘清其内在结构关系，从而导致标准化程度较低、难以全面解决设计过程中的问题。因此，亟须引入科学系统的理论框架与方法论，指导优化建筑方案设计程序。

目前，有关设计程序的研究在建筑设计领域已被广泛关注，国内主要体现在建筑创作前期根据项目要求制定相应的工作流程及时间安排，而国外已有大量通过优化设计程序提高工作效率并保障建筑成果质量的成功案例，如德国法兰克福整合性建造规划设计、美国乔治王子居住区规划设计等。

由于建筑设计在不同阶段所涉及内容与范围各有不同，因此设计程序相应会发生变化，在整体层面上，清华大学庄惟敏教授指出："当建筑活动分为城市规划和建筑设计两大部分时，建筑设计的概念无疑是一个广泛的概念。"当前建筑设计总流程是首先由城市规划师进行总体规划，业主投资方根据这一总体规划确立建设项目并上报主管部门立项，建筑师按照业主的设计委托进行设计，而后由施工单位进行设计施工，最后投入使用。随着建筑设计阶段工作的不断细化，设计程序进入中观层面，此时建筑设计由项目委托和设计前期的研究、方案设计、初步设计、技术设计及施工图设计五部分组成，由于该层面的设计流程涉及多学科参与，影响流程的因素较复杂。

　　方案设计是建筑设计流程中的重要阶段，极具创造性是该阶段最大的特点，建筑师自身的知识水平、经验、想象力和灵感等成为影响该阶段最主要的因素，因而该阶段建筑产品往往具有鲜明的建筑师自身特色，在建筑大师作品中尤为明显，以上设计流程属于感性的设计方法学范畴，无法通过定量的优化原则进行控制。同时，由于该类型建筑设计周期参差不齐，建筑师主观判断成为影响建筑设计质量的最主要因素，产品在设计阶段的质量管控不足。

# 第二章 建筑设计的历史与现状

建筑业是国民经济的支柱产业之一，是推动社会经济发展的重要力量。改革开放以来，中国建设的成就，无论在面积规模、扩张速度、建设质量等哪一个方面，在人类城市化历史中都是一个不能忽视的存在。作为历史中最重要的技术工具之一，建筑设计承担着举足轻重的社会角色，发挥了关键性的作用。本章分建筑设计的历史演变、建筑设计的现状两部分，主要包含建筑设计师的演变、建筑设计功能与空间演变、建筑设计规范现状等内容。

## 第一节 建筑设计的历史演变

### 一、建筑设计师的演变

直到18世纪末，工业革命后的英国才开始出现一些零星建筑师团体。1834年，英国建筑师学会成立，并于1837年被授予皇家特许状，这是以行业协会的方式，为建筑师的社会地位、法律权益、考试、注册等制度建设做出努力的开始。直到20世纪初，我们今天所熟知的受法律保护的建筑师职业才算正式确立。

现如今，一座建筑从灵感到建成使用的全过程，其流程大致可概括为"首先由城市规划师进行总体规划，业主投资方根据这一总体规划确立建设项目，建筑师按照业主的设计委托书进行设计，而后由施工单位进行建设施工，最后付诸使用"。建筑师职业行为的工作内容，主要是"借助绘图进行设计"。这样的建造流程与工作内容，决定了建筑师的角色"与客户和市场不直接接触，他们被动地等待客户的任务，然后进行设计，与制作、建造现场保持分隔，建筑师更像是一名雇员而非专业顾问"。

虽然近年来在一些特定领域，如城市更新中，会通过加强用户参与，促进建筑师与用户直接接触，有时建筑师还会承担公众代言人的角色，但总体而言，在已进入后工业互联网时代的今天，绝大部分职业建筑师的工作内容与角色定位，仍停留在 20 世纪初工业时代的状态。因此，互联网带来的挑战无疑是严峻的，建筑师群体的种种不适，也是明显而普遍的。

现代的建筑设计师需要拓展工业时代的纯技术思维，要主动介入建造全过程，除完成技术绘图者角色外，还要承担起包含策划人、委托代理人、项目管理者等多重身份的协调者角色，这对建筑师的市场敏感度、策划能力、全方位理解客户的能力及交流能力、统筹建设过程中多个参与主体的协调能力，都提出了新的挑战。

## 二、建筑设计功能与空间演变

### （一）旧式功能与空间重构

以前，人们只有身体抵达某个实体空间内，才能完成某一功能，实体空间是人体与其希望完成的功能之间的"中介"。而今，很多功能可在网上完成，加上物流、外卖、到家服务等手段辅助，越来越多的功能可以足不出户轻松完成，很多实体空间的中介作用因此被弱化，甚至被取代。清华大学周榕认为这一现象的本质，是互联网催生的"虚拟空间"与实体建筑城市空间展开的一场对人类"社会份额"的争夺战，"在社会资源需求总量稳定的前提下，通过虚拟空间流通的资源份额加大，经由实体空间配置的资源占比就必然下降"。如果我们将建筑设计仍定位为处理实体建筑与空间，那么，如何挽回被虚拟空间夺走的"人气"，提高"身体在场率"，强化"身体在场时的身心体验"，营造特定人群依附于实体空间产生独特"社区感"，就成为重构旧式功能与空间的焦点。

#### 1. 分类强化

分类强化是指将旧式综合性功能进行分解，强化能吸引身体在场的部分，弱化或替换不利于在场的部分。近年来，相当一部分综合性实体商场，除餐饮、亲子、教育培训、美容等相对需要面对面身体在场的功能空间尚能支撑外，原来占比最高的商品销售空间受到网购冲击，大幅缩减，原有商场设计规范都已失效。

#### 2. 附加功能

附加功能是指在旧式功能上附加额外有效功能，以吸引身体到场。针对综合性实体商场的困境，在商业空间上附加艺术展览，适应了德国哲学家阿多诺（Adorno）所言文化工业背景下"艺术与消费品同兴共荣，艺术品从精神领域退化成只具有使用价值的器物"的趋势，把法国社会学家布尔迪厄（Bourdieu）所言的"到场观展"这个"受过教育的知识分子积累文化资本最便宜的手段",打造成今天"个性化体验"的生活方式,带来旺盛人气,带动商场其他消费。

### 3. 局部放大

局部放大是指将旧式功能中与身体在场、身体体验关联更密切的元素,进行放大,在旧框架中,注入新意。文字的电子化趋势,让很多人丧失了去图书馆借书、看书的习惯。芬兰首都赫尔辛基的中央图书馆,刻意放大、强化其所包含的公共交流元素,内部几乎全部由公共空间组成,提供多项免费服务,只保留不到1/4 的面积用于借书、看书的传统图书馆功能,由此塑造出一个城市公共文化活动空间、一个市民社区交谊中心。

## （二）建构新式的功能与空间

如果说,旧式功能与空间的重构是为了应对互联网虚拟空间对人气的争夺,那么新式功能与空间的建构,则是为了给被互联网催生的新生活方式,找到"最匹配"的实体功能与空间。

### 1. 暂时性

互联网时代的生活方式如同电子产品的更新换代一样,骤然加速变化,与之对应的功能与空间,"暂时性"开始取代"永恒性/坚固性"。荷兰建筑师库哈斯(Rem Koolhaas)2005 年接受普利策建筑奖时就指出:"……我们仍沉浸在砂浆的死海中。如果我们不能将我们自身从'永恒'中解放出来,转而思考更急迫,更当下的新问题,建筑学不会持续到 2050 年。"

### 2. 共享性

共享概念在建筑界早已有之,最典型的是源自 1960 年代由美国建筑师约翰·波特曼(John Portman)设计的旅馆共享空间发展出的中庭空间模式,其目的是创造使用者心理和使用层面的新体验。互联网时代的共享概念与此有很大不同,它本质上是一种共享经济、社会公共服务观念,是"互联网时代多元、杂糅、不稳定且不断进化的共享行为,将如何影响空间的生产、交换与使用"。具体来说,就是在互联网技术支持下,同一物理实体空间,可以由不同的主体和功能叠加使用、互不干扰,甚至会产生某种"触媒"效应,以实现空间交换价值的最大化。从目前来看,共享主要有两种方式:一是分时共享,人们可以借助网络分时间租用设备齐全、管理良好的功能空间;二是同时共享,即在同一时段里,将传统建筑学认为应该分开的功能有效叠加。

# 第二节　建筑设计的现状

## 一、建筑设计规范现状

从建筑本质入手，建筑设计正努力表现出自身的设计价值内涵，呈现多样化的艺术创作创新思路，重视建筑设计综合表现形式的突破。西方建筑设计重视对建筑设计视觉化的冲击和探究，但是现代建筑更加注重建筑设计的世界发展地位和角色匹配程度。

### （一）建筑设计中存在的问题

#### 1. 建筑设计人员的管理问题

随着建筑设计的综合要求越来越高，建筑设计的内容需要不断地创新和优化，要重视建筑设计中各类要求的提出和管理。对于复杂性的建筑细节，需要具有专业建筑基础和技能的人才来设计，如果设计方案与实际技术数据处理不当，就会引起设计不合理问题发生，造成严重的设计问题。

#### 2. 错层式的设计问题

建筑设计中经常会使用错层形式的设计。在工程建设实际中，需要明确设计规划和操作方案标准。对于错层设计而言，没有确定可贴合性的施工情况。我国的错层设计使用中，并没有实现叠合施工操作，没有进行深入的工程环境偏移水平分析。

对于小户型的设计而言，常常使用跃层设计，这会直接影响居民的正常居住需求。错层设计主要用于小规模的设计，居住房间出现幅度，会导致人们产生严重的抑制感。如果在地震区域，错层设计就会导致建筑基础不对称，严重的甚至会导致塌陷问题发生。错层、跃层方式的设计，是需要以提升内部稳定结构为基础要求的，需要提高内部的空间广阔水平，结合实际的作用和规范要求，降低经济损失。但实际情况往往事与愿违。

#### 3. 建筑节能实施效果不足

建筑节能设计的需求越来越高。为了满足建筑节能设计的规范要求，需要重视节能设计与节能环保之间的关系，结合相关的资源配置，避免浪费问题发生。

同时，需要重视细节内容的处理操作，如依据建筑门窗结构的设计规范要求，及时处理材料中不合理的因素，充分考虑门窗框架的实际设计不当情况，分析导致室内热量散失的原因，分析如何实现节能效果，避免影响节能效果。

### 4. 采光节能效果不足

在建筑设计中，需要重视照明采光的设计。照明采光设计强弱直接关系到居住的舒适度水平。为了获取有效的采光效果，需要依据相关房间的位置、结构、朝向等进行合理布局设计，应根据建筑内房屋的朝向，合理地确定工程区域范围、环境等。北方的房屋一般采用正南正北的方式。南方临海地区多结合周围环境和气候变化进行调节。

### 5. 通风的设计不合理

在通风设计中，设计人员没有及时搜集各类资料，导致设计方案与实际情况存在偏差。在实际的施工中，如果通风系统不当，就会导致室内的排风效果下降。通风系统直接关系到建筑结构的能源消耗水平。在通风设计中，需要重视空调系统的布局，重视紧密空间的管理。对空调的日常清洁、建筑内部的空气更换等不关注，空调设备长期处于较强的负荷作用下，会导致设备出现破损，影响室内的清洁效果。

### 6. 建筑设计造价控制不足

在建筑设计中，在保证工程质量的前提下，要严格控制工程造价。一方面，建筑设计目标不明确，导致设计过程中很多工作盲目下决定，无法实现预定的设计效果；另一方面，建筑设计方案优化不足，导致整体设计工作完成后总体造价超出成本控制要求。

### 7. 建筑设计标准及不完善

我国建筑设计行业规范和法律规定修正完善的速度，跟不上行业发展的速度。安全设计标准落后，增加了建筑设计中的质量隐患。当前，我国城市基础建设全面发展，为了从根源上解决安全问题，需要及时完善建筑设计标准及法规。

## （二）建筑设计规范化的解决措施

### 1. 提高建筑设计人员的素质水平

设计人员需要充分了解建筑设计的布局、结构、朝向、空间环境等关系，方便设计中准确地判断建筑设计的综合规范化管理标准要求，为建筑设计提供良好的操作方案，提高建筑综合的实用价值应用。

**2. 优化建筑设计的布局**

（1）优化室内空间的设计布局

在建筑规范化设计中，需要明确基础科学的设计标准。要按照相关的设计空间标准，实施深入化的空间性能分析，做好分区规划操作。要结合相关的工作、生活、学习的基础环境，以满足人们的实际生活需求为标准，重视小户型建筑工程建设的实施，重视考量建筑房屋、餐厅的位置，结合结构物内的区域划定确定分离空间的布局。

例如，客厅是休息的区域、卧室是睡觉的场所、书房是学习的区域，通过各类区域空间的有效布局，结合数字化功能的有效使用，可以为人们提供更加舒适有效的生活环境。

（2）优化立面空间的设计布局

要通过多点元素的设计规范操作，实现空间结构的有效设计。在造型、质感等内容上，要重视加强多方式、多角度的不同融合。设计人员要重视用户选定分析，综合考量用户的实际需求、居住环境要求等，重视平面规范图设计的个性化发展。

**3. 完善我国的建筑规范及标准**

目前我国的建筑行业发展迅速，工艺、材料、技术更替速度也快，土木工程建筑结构设计规范还需要结合行业发展不断优化调整。设计工作讲究有据可依、有章可循，应该及时总结吸收国内外现行的设计规范和技术标准，不断优化完善建筑结构设计技术规范和标准，提升我国土木工程结构设计水平。

另外，工程结构问题无小事，为了加强对建筑市场的质量控制，必须要在法律层面确立明确的法律规章制度。一旦有了法律约束，设计者就能提升自身的岗位责任意识，为自己的工作成果负责，不会为了短期利益，盲目地为了完成任务而随意设计。

**4. 在保证质量的前提下严格控制造价**

在建筑设计时，不同的设计方案的最终工程造价可以说是天壤之别。首先，在实际工作中要有明确的设计目标，这样才能在设计工作中有针对性地采用科学合理的方案和最适宜的造价控制方法。在保证结构质量安全的前提下，建筑设计应尽量选择低成本的结构类型。例如，在施工条件允许的情况下设置转换梁结构，该结构比剪力墙结构节省空间，也便于灵活进行结构调整降低设计预算；其次，设计人员要对不同的结构形式进行对比分析，通过对资源优化配置，实现设计方案优化搭配。最后，设计人员要采用可持续发展的理念，优化设计方案，要因地制宜合理利用地质条件。设计人员要用发展的理念解决工作中遇到的问题，若只把眼光局限到眼前，设计工程将无法适应时代发展需求。

## 二、建筑设计管理现状

建筑工程设计质量直接关乎整个工程的建造成果，因此需要高度重视。

### （一）建筑设计管理存在的问题

#### 1.缺少设计意识

从当前的建筑企业管理情况来看，一些管理人员依然将工作的重点落实到施工环节，没有考虑到设计的重要性，当设计与施工不吻合的时候，就会产生设计变更的问题，这就必然需要增加资金量，造成成本增加。没有做好建筑设计管理工作，不仅使工程质量难以保证，还会影响经济效益。如果这种管理模式没有改变，就会有越来越多的设计人员对建筑设计所获得的成效不予重视，不能深入研究各种建筑材料，不能有效应用施工技术，对项目总体质量造成不良影响，还会导致建筑成本降低。

#### 2.缺少市场竞争

一些企业自身不承担设计工作，而是由其他的设计单位承担，会使得这些企业在设计领域不具有竞争力。一些企业内部也有设计人员，但是专业能力不够，设计经验不足，缺乏竞争意识，没有树立设计发展理念，所设计的图纸不仅不能对施工发挥有效的指导作用，甚至会导致负面影响。一些管理人员对图纸设计内容缺乏重视，不能及时发现设计中所存在的问题，在设计阶段没有做好监督工作，不能进行成本控制，这会导致项目建设中总体造价提升。

#### 3.技术设计落后

一些设计人员依然采用传统的设计理念，设计方式上也没有更新，就会导致设计工作质量很差，对项目后续的施工建设非常不利。在设计中，对多项数据都没有集中标记，建筑结构设计也比较混乱，不能发挥有效的指导作用，使后续的施工部门不能领会设计人员的设计意图，甚至在施工中产生交叉和碰撞的现象，此时不得不返工，从而导致施工进度减慢、施工质量受到影响。

## （二）建筑设计管理问题的解决策略

### 1. 重视设计能力

建筑设计管理是当前建筑工程企业的重要管理内容，既对全面提升造价控制有重要的作用，又有助于提高施工质量。项目管理人员要树立管理意识，特别是设计环节的管理不能忽视。建筑设计工作不仅仅是简单的设计图纸，而是需要在设计中控制好造价，还要合理选择材料，因此设计人员要具备综合素质，能够有效协调各方面的工作，这就需要设计人员要具有较高的专业技术水平，同时还要具备管理能力。设计人员还要做好现场勘察工作，对市场进行调查，对各种施工材料的质量及应用的性能都要掌握，要求所选择的材料要性价比高，符合施工要求且不会消耗过多的成本。

### 2. 健全竞争机制

有关政府部门需要对招投标做好监督管理工作，对各项管理制度予以优化。如果建筑工程需要满足多项需求，就要开展相应的招投标活动。有关的招标部门需要分析工程项目建设的具体现状，并且采用集中分析的方式，对拟定的招标文件予以完善，并将文件发放给对应的竞标部门，促使该部门的工作人员对设计要求全面把握，对竞标做好各项准备工作，确保招投标操作稳步运行。中标部门对于设计图纸要进行分析，并科学地评价，将合同协议完善之后，就可以签订合同了。在招标的过程中，对职责范围要明确划分，以保证工作人员能够各司其职。

# 三、建筑设计程序现状

设计程序的研究在多门学科中均有涉及，建筑设计程序是其在建筑设计领域的具体表现。本节对建筑设计程序的相对不足进行了整理归纳，主要有以下几个方面。

## （一）设计程序与工作流程混淆

在项目开展前期，分析业主需求及设计任务书后，设计者会制订该项目工作流程及工作阶段性完成时间计划。在此类工作流程中，阶段性成果汇总讨论以碰面会的形式进行，同时也是流程的时间节点，各个时间节点之间的时间段则是每个具体的设计，如前期调研、空间结构生成、功能布局生成等。在建筑方案创作过程中会出现许多问题，显性问题在制定工作流程时会被考虑，如空间结构草案生成后是否符合相关规范条例、功能布局是否与流线相冲突等。而隐性问题由于难以预料，在该流程中缺乏对此类问题的解决措施或步骤。因此，系统的、科学的设计程序不能简单地等同于工作流程或时间安排。

### （二）线性思维现仍占主导地位

在传统的"设计—产品"线性终端状态的设计方法中，设计者的创作过程基本上是一个自我独立、封闭的状态，对于在设计过程中出现的问题无法及时解决，当这些问题的复杂程度超过设计者信息处理能力时，设计者就必须依据问题的重要程度对问题处理的次序重新编排。

在此情况下，在有限时间内，某些"次要"问题会被忽略，因而无法全面把握设计质量。基于此，人们提出了相应的解决措施，即在设计程序中加入"反馈"环节，东南大学韩冬青指出："新的设计程序应是不断进行信息反馈、公众参与的循环的开放之链。"由于这些"反馈"环节主要出现在设计过程各阶段衔接处，而水平结构方向并没有对应的反馈回路，因此，从整体而言，现在的建筑设计程序仍以线性思维为主。

### （三）以建筑师的自身素养为主

建筑师自身的知识水平、经验、想象力和灵感等在建筑创作中起着重要作用，现阶段设计程序受建筑师自身素养水平影响较大，多以"个体化程序"为主。"个体化程序"是相对于"系统化程序"而言的，"个体化"意味着非系统、混乱的秩序，造成混乱的原因是设计工作的特点及个人能力的高低。"个体化程序"的特征体现在对于不同类型的建筑会制定不同的设计程序，而科学的、系统的设计程序不是对某一建筑的具体设计，应是一种具有广泛性、普遍性的设计程序模型。

常规建筑设计程序由于缺乏科学系统的理论依据及切实可行的方法论指导，导致衍生出许多不足之处，如建筑设计方案质量稳定性无法保证、标准化程度较低等。由于系统思考强调应重视各工作阶段之间的交互作用，而不应只单独考虑每个部分的作用，因此，从系统思考角度出发，通过引入科学、合理的进程改进方法论，优化常规设计程序，对解决这些不足之处具有重要作用。

# 第三章　建筑结构与建筑的平面、立面设计

建筑结构是一个由构件组成的骨架，是一个与建筑、设备、外界环境形成对立统一的有明显特征的体系，建筑结构的骨架具有与建筑相协调的空间形式和造型。在建筑工程中，建筑结构设计对建筑工程有着重要的作用，是建筑工程项目设计中复杂而又不可或缺的部分，对建筑的安全、性能、经济、外观等有着直接影响。可以说设计工作贯穿于建筑工程项目设计的全过程。建筑设计包含建筑平面设计和建筑立面设计。本章分建筑造型及其艺术特征、现代建筑构图的基本原理、现代建筑形体与平立面结构设计三部分，主要包括建筑造型与结构形态、造型艺术的起源和特征、建筑造型的艺术美和艺术特征、现代建筑构图的内涵、现代建筑构图中的数学原理、现代建筑形体等内容。

## 第一节　建筑造型及其艺术特征

### 一、建筑造型与结构形态

#### （一）建筑造型

建筑师在进行建筑造型创作时，首先要满足的是建筑的使用功能，然后使用符合时代的技术手段对建筑构图的规律展开恰当的编辑与组织，产生与环境进行互动的建筑造型。

#### （二）结构形态

能形成空间的骨架结构，包括看得到的结构如立柱，看不见的结构如隐藏的横梁、墙里的受力框架等，它们的形态和强度直接决定结构体的筋骨是否健康。结构本质上具有保持形态的功能。形态的保持是人／树／房子／机器等体系运

行的先决条件。因此，没有结构就没有体系，没有结构就没有建筑，更没有建筑造型。

判断结构是否合理的标准是它在形态上能否真实地表达实际受力情况。建筑造型的调整需要根据结构内力的分布来实现，这种调整不仅可以让本来简单合理的结构更添活力，还可以充分地利用材料，避免受力不合理给建造带来浪费。

## 二、造型艺术的起源和特征

### （一）造型艺术的起源

"艺术"（ART）在西方文化体系中解释为"人工造作"。是自然形态在人头脑里的反映，它是人对自然的加工改造和劳动生产，所以艺术是"创造自然"的活动。

中国《现代汉语词典》（第七版）对艺术的定义是"用形象来反映现实，但比客观现实更具有典型性的社会意识形态。"作为人的社会意识形态，它主要是满足人们多方面的审美及心理需要，尤其会对人类精神活动产生巨大影响。公元17世纪，"造型艺术"一词在欧洲开始被使用，当时主要指的是绘画、雕塑、文学和音乐等艺术形式，"造型艺术"在当时是为了与具有实用功能的"工艺美术"等形式相区别而提出新的词汇。在德语中"造型"原义指"模写"或"制作似像"。中国的艺术界和理论界在20世纪初开始使用这一艺术概念，并与较为容易理解的"美术"互换使用。

### （二）造型艺术的特征

造型艺术的特征是用可视物质材料来表现自然对象的"型"与"态"，是创作在真实或者虚拟的空间中，以静止的形式表现动态过程，或者以动态的形式传达观念，它总是依赖人的视觉感知，因此造型艺术又被称作视觉艺术、空间艺术、静态艺术或动态艺术。

造型艺术从形式上大致分为具象艺术和抽象艺术。造型艺术的本质为"再现"，即再现"自然"和再现"观念"，因此分别称为"物像造型"和"观念造型"。"造型艺术"是视觉领域范围内的"生产"和"创造"的结果，是人们对客观环境和精神世界的"形象创造"。造型艺术使人们通过自己的眼睛可以看到"生产结果"，甚至可以触摸结果。因此，艺术工作者要动用物质因素使之客观存在。这里的"物质因素"就是当时的科学技术和生产条件，还包括人们掌握的使用工具的经验和技能，并且渗入"美"的理念，使"技术"与"美"并存于生产的结果当中，从而完成造型艺术创作的行为。

## 三、建筑造型的艺术美和艺术特征

### （一）建筑造型的艺术美

#### 1. 变化与统一

事物是辩证统一的，建筑造型有着统一的风貌，同时蕴含着微妙的变化，二者既相互依存，又相互影响。一般情况下，建筑虽多但有章可循，视觉呈现统一形式。较为集中分布的建筑和分散的公共建筑既统一又富有独特的变化，建筑主次分明，和谐统一，又不缺乏变化，形式变化特征无疑为整个建筑群，增光添彩。

#### 2. 对称与均衡

均衡是对事物稳定性和平衡的表达形式，对称在中国建筑结构之中地位非同凡响，一般采用左右对称，从体量方面能达到某种程度上的均衡效果，不偏不倚，恰到好处。从空间布局上看，运用中轴对称的方式进行布局，可以给人以焕然一新的均衡感受。从建筑构件上看，左右对称，加以巧夺天工的精湛雕艺，可以给人以心旷神怡、平静祥和的均衡之感。

#### 3. 对比与和谐

对比，即对建筑中各构件要素或大或小的区分。中国建筑的历史悠久，建筑比例把握甚是惟妙，审美之需，应控制适量尺度才足以充分表达。就体量方面而言，主体建筑要略大于其他周围建筑。因此，尺度拿捏恰到好处，比例自然的建筑形式，可达到人们所需的形式美的审美需求。建筑的形态差别明显，较为突兀，适度的对比会将院落之中或建筑之间的层次感尽显眼前，使空间更富多样性。这正是所谓相同之间的不同点，整个建筑或院落不显呆板。

#### 4. 节奏与韵律

谈及节奏与韵律，首先想到的是音乐。其实不然，事物自身都有其特有的规律可循，建筑亦是如此，表现在其节奏感上。节奏感就像声音波段图，急或缓，都可以通过视觉变化来传递。建筑节奏和韵律变幻莫测，主要体现在建筑立面的高低变化和平面的起伏变化上。有些建筑依山而建，形成错落有致且层层起伏的建筑群风貌特点。此起彼伏的建筑波动形态，如同音乐之中乐谱那般生动自然，自然和谐，毫无违和感，形成其特有的节奏与韵律。

## （二）建筑造型的艺术特征

建筑是活的，通过自身造型艺术向世人诉说着从前的故事，后人或许能从中窥探到些许古人的智慧从而得到启示。建筑不单单是用来居住或使用的，好的建筑能代表一片区域、一种技艺，甚至代表一个时代。古建筑，它更像是立体的史书，映射当年的生活水平、风俗习惯、精神面貌及工匠的高超技艺等方面。例如，享誉世界的山西浑源悬空寺，利用力学让一座精美寺庙悬空矗立在峭壁上百年；应县木塔更是巧夺天工，全塔木制无一铁钉，屹立数百年而不倒。这些优秀古建筑的一砖一瓦都凝聚着古人的智慧，一梁一栋都反映着古时人们的精神面貌及生活状态，其所含的智慧如今仍有强大的生命力，未来依旧可供后辈研究学习。

### 1. 建筑造型艺术的形式特征

建筑属于立体艺术，二者在历史上产生过无数次碰撞，造型是建筑艺术最具有表现力的形式语言。建筑的感染力来自形式逻辑与结构逻辑的高度统一，结构本身就具有不同凡响的美感。例如，哥特式建筑的总体结构造型特征是高耸、尖峭、向上升腾，即纵向延伸的线性特征。它们是中世纪浓厚宗教精神的体现，也是新结构技术的结晶。自从哥特式建筑出现后，大量教堂采用哥特式建造，于是哥特式教堂便成为哥特式建筑的代名词。

### 2. 建筑造型艺术的色彩特征

建筑造型艺术中最具表现力的色彩形式是其瑰丽灿烂的彩绘玻璃窗，彩绘玻璃窗是依托建筑结构形成的产物，其特殊的图形结构展现了玻璃材质与自然光线之美，圣经题材的图形、象征意义的色彩、镶嵌构图等都有着丰富的精神文化内涵。彩绘玻璃窗呈现的色彩所表达的历史内涵和存在价值，值得人们借鉴与传承。

### 3. 建筑造型艺术的装饰特征

建筑造型艺术的装饰形式主要是其繁复精美的雕刻装饰。雕刻艺术一直都是建筑中的重要装饰元素，雕刻装饰是其结构中不可或缺的部分。自然元素装饰在建筑中无处不在，它取法自然，模仿动植物的各种形态，以柱比树、以柱头比叶、以屋顶比天。整座建筑充满了蓬勃向上的生长力。建筑造型艺术展示的自然中有一处处的树荫，宁静祥和，人们既可以站在远处欣赏，也能近距离观看。自然界中的一切都具有蓬勃的生命力，因此自然元素的装饰并非普通的装饰，它是一种力量的象征。植物形象具有强大的向上动势，是生命力的体现，也是人类向往和追求的。

# 第二节  现代建筑构图的基本原理

## 一、现代建筑构图的内涵

### （一）建筑构图的定义

"构图"一词源于拉丁语，意为以结构组合的方式使画面的不同部分联结成为一个有意义的整体。《建筑构图概论》中对建筑构图的定义是"建筑物或者建筑群各个部分的布局和组合形式，以及它们本身彼此之间和整体间的关系。"它研究建筑作品形式构成的客观规律，它能促使构成建筑形式时，既节省人力、物力又能满足对建筑提出的功能、技术、经济、艺术要求，就是促使最合理地、现实地、科学地完成建筑设计。"建筑构图"即建筑中的各种构成要素，如墙、门、窗、台基、屋顶等之间的组合方式和相互的位置关系。

### （二）建筑构图的作用

一般人在看建筑时，建筑立面构图是影响人的视觉效果的首要因素。构图在建筑造型的效果中占主要地位。基本上，建筑造型中的节奏、韵律、均衡、稳定、比例和尺度等影响因素，都需要在构图时设计控制好。因此，建筑除了要满足日常的实用属性，还要被赋予一定的其他属性，以达到满足使用者精神需求的目的。

虽然人类无法创造出规律，特别是自然规律，但是人类具有掌握和利用规律的能力。理想的人类劳动应是能很好地利用规律的活动。通过长期的实践和总结，人类发现了建筑形式美的规律。古今中外，尽管由于各种原因，建筑的形式处理方式有着极大的差别和丰富的种类，但是美的建筑形式必定是符合规律的，建筑形式美的规律是具有普遍性和必然性的法则。这些规律在构图中被应用和体现，建筑构图能够使建筑造型各要素之间产生相互制约的关系，实现造型的统一。以上的阐述表明，建筑构图能将好的形式赋予建筑，满足人们对建筑审美的需求。

### （三）建筑构图的特征

公元1世纪初，建筑学家马可·维特鲁威在其著作《建筑十章》中总结的三个原则是实用、坚固和美观。直到今天，这三个原则一直是左右建筑构图的重要因素，只是侧重有所不同。这三个基本原则限定了建筑是一种特殊的艺术形式，使得建筑构图不同于其他艺术的构图形式，如绘画、雕塑和书法等，建筑构图的依据更加多样和严格。艺术思想不再是建筑构图的唯一内容，建筑构图还要考虑建筑的实际用途、建造技术上的可能性和经济要求。建筑设计在满足建筑用途的情况下，还应参照各项相互联系又极其不同的影响因素，采用不同的构图形式。建筑构图不同于其他构图类别的特征主要反映在三个方面：构图的受制性、构图的完整性、构图的稳定性。

#### 1. 构图的受制性

由于建筑结构复杂，功能要求较高，建筑构图肯定是不能向其他艺术形式那样自由，要受到各种因素的制约。建筑存在的首要目的就是要满足使用要求，一座建筑的特征在很大程度上是功能的自然流露，建筑构图虽然涉及设计者的设计意图，但是建筑功能是无法回避的客观因素，建筑功能也是一种建筑类型区别于另一种建筑类型的原因之一。建筑师必须在建筑功能的基础上以各种不同的办法来突出建筑不同类型之间的区别，通过建筑构图含蓄而艺术地表明建筑的特征，构图成为形式和内容关系的桥梁。环境也影响着建筑构图，环境包含了气候环境和社会环境，建筑构图要和环境相适应。社会环境对公共建筑的影响较大，公共建筑空间组成和功能要求相对单一，但是建筑的特征要依靠建筑构图体现出来，同时建筑造型受周边建筑的影响，建筑构图能够将建筑造型较好地融入周边。建筑构图还受制于建筑结构的形式，建筑构图需要建筑结构支撑，不可能独立存在。

#### 2. 构图的完整性

先由单个空间组成群体空间，然后由群体空间构成一个单体建筑，再由几个单体建筑组成一个建筑群，从设计的角度来看，这是一个布置序列的过程。所以，建筑构图更多时候是从总体来考虑，其完整性特征首先表现为建筑造型轮廓的统一。人们观察建筑，过程一般是由远及近，建筑的远景是被首先感受的，因此，建筑的轮廓是十分重要的。建筑的外轮廓有的曲折，有的简洁规整。建筑构图要将建筑整体考虑进去，做到主次分明，依靠建筑的相互配合、大小体量的改变达到完整的境界。建筑应当是调配适当的整体。建筑构图的完整性特征还表现为构思的统一和构图手法的协调等。这一点在群体建筑中体现得尤为明显。在建筑群中，单体建筑的风格相互协调，无论是建筑的平面或是建筑的立面，要同时考虑它们之间的相互关系。建筑构图的完整性在中国的古建筑群中体现得尤为明显，以北京的故宫为例，其整体平面构图为巨大的矩形，有明显的中轴线，在其中轴线上布置了八组不同形状和大小的院落，富于节奏变化，通过空间序列的组织和院落大小规格的变化，使整体平面构图相互协调，依靠建筑的体量和形状，使建筑构图达到完整的境界。

### 3. 构图的稳定性

建筑承载着人们日常生活和社交活动，给人心理上的可依赖感和信任感是十分重要的，因此建筑在造型上首先要有稳定性。建筑的稳定性主要由两个因素决定，一是合理的结构，二是具有稳定性的建筑构图。适应建筑造型的结构是建筑能够保持坚固的前提条件，建筑构图的稳定性是人们心理上的要求。为了使建筑结构坚固，结构体系将按照一定的力学规律构成，而这些体系本身就具有一定的规律性。力学，尤其是重力是建筑结构的依据，充分利用力学逻辑来构思结构会在很大程度上影响建筑构图。合理的建筑结构一般都是顺应重力的影响。人类早期受制于落后的技术水平，无法完全正确理性地认识这个世界，而大自然完美的造物能力让人类惊叹，大自然中的很多物体都是以合理的形式存在着，很多事物都是应用自然界中的规律创造出来的。植物的外形是完美而合理、符合力学原理的，而建筑的建造也是对重力的抵抗，对植物的借鉴也是顺理成章的。建筑立面构图，一般都是底部比顶部要粗壮，这是因为底部受到更大的荷载，需要更多的结构去承载。

## （四）建筑构图的类型

建筑作为形态的载体通常以独立形式或组合形式存在。一座建筑一定是建立在一个建筑构图的基础上，一切造型的各要素在构图中构成次序。这个准则无论是对于功能极端复杂的建筑还是功能极其单一的建筑都同样适用。一个具有丰富经验的建筑师倾向于选择与建筑功能或主题相适应的构图方式，这样就能顺利地组织建筑功能和塑造建筑造型。

### 1. 规整式构图

构图的基本形式有很多种，其中规整式构图是较为常见的一种。所谓规整式构图，就是单纯的几何形或者将单纯的几何形通过重复、连接、分割和嵌套等处理方式得到的构图形式，其本身具有强烈的几何属性，便于安排和布置空间，同时也有利于控制建筑形体的比例，获得好的形体效果。规整式构图能够明确建筑的表现意图，易形成稳定感和统一感。

在现代建筑中，规整式构图一般采用不对称的方式来应用，这使得该构图类型的应用范围更加广泛，处理方式更加自由。在不对称的规整式构图中，要有明显的均衡中心，使复杂的构图有中心而不会显得凌乱。

### 2. 自由式构图

长期以来，内部空间和建筑构图的关系是在建筑设计实践中，一直被争论的焦点。曾经有建筑师认为古典建筑过分地强调建筑造型，强调恪守建筑构图，以至于限制了建筑内部空间的灵活性。关于建筑外与内的关系的争论，在建筑设计中的体现就是先外而后内的设计思路还是先内而后外的设计思路。用辩证的观点去看，应该重视建筑内部空间对建筑外形的作用，建筑构图不可能完全脱离内部实际来考虑，合理的建筑构图能将建筑造型和内部空间完整地统一起来。

技术的发展使得建筑造型的制约因素越来越少，很多以往无法实现的建筑造型在现在都有了实现的可能。各种新的建筑思潮和流派也应运而生。传统的构图形式开始被消解，各种新思潮试图将建筑构图从几何规整的形态中解放出来，让空间与造型获得更大的自由，由此便产生了自由式构图。

### 3. 混合式构图

建筑设计是一种综合性的创作，它要求设计者同时思考很多的因素，如建筑的功能、造型、结构、色彩和节能等。建筑构图常常是由几种构图形式组合而成的，能够形成主次分明、富有秩序和韵律的建筑造型，由此便产生了混合式构图。混合式构图是结合了自由式构图和规整式构图的构图形式，兼具两者的特点。采用混合式构图的建筑往往能获得较为理想的建筑形式。这种构图常见于建筑平面构图之中，在保证建筑单体形式规整的同时，也保证了建筑群体对地形环境的适应。在立面构图中采用这种构图方式能够使建筑形体充满视觉冲击力。通常建筑中的空间都会被赋予功能要求，混合式构图能够提供特定的功能或者特定的形式，使用上能够灵活机动，自由处理，而具有相似功能的空间，可以被组合成功能性的组团，或者是序列重复出现，同时也便于获得阳光、景观、朝向和通风。

## （五）建筑构图的构成要素

建筑构成要素是建筑用以表达其最基本组成部分的语言，分为点、线、面、体。这些要素是构成建筑整体的基本单位，建筑构图就是将这些要素组合排列形成预想的效果,所以点、线、面、体也是建筑构图的基本要素。其中,建筑的"体"是建筑整体呈现出来的最直观、最基本的单元,而"点"则是构成"体"的最小元素。建筑元素按照"点动成线""线动成面""面动成体"的基本规律串连起来,从而使得抽象的概念逐步具象化。

### 1. 点

点在构图中是很小的形,可以是视觉的中心。从点的定义上来看,点只能在空间中标明一个位置。当点出现在建筑构图中时,其形态就丰富起来了。点是建筑构图中相对而言最小的形式,但是其位置变化往往是重要的,在建筑构图中常利用它来形成节奏和调节平衡。点的表现形式一般是窗洞、阳台、雨篷、柱头等小的建筑构件,其表现的效果一般可以理解为节点、交点和焦点等,如道路交叉口的广场、走廊交汇处的过厅等引起人注意的建筑入口等。

点具有吸引注意力的功能,能够吸引人们的视线。例如,建筑的外立面主要由点元素所构成,主要方法是利用点状形式的幕墙重复排列组合构成,增强了建筑外立面的趣味性。

几何学中的点是抽象的,自然界不存在实体的点,但建筑形态学为了研究方便,通常将相对较小或独立的物体视作点,点本身也有体积。除了表示体积关系外,点还可表示位置关系,如"端点""节点""交点"等。此时,点并不完全受大小的限制,而是对建筑空间位置关系进行分析的一种简化形式。点是最具活力的造型要素,可以影响场景和建筑的综合形态。

### 2. 线

点的延伸产生了线,线的意义是联系和分隔,在视觉上能够表现出方向、动感和延伸感,其概念中是没有深度或宽度等属性的,而在建筑构图中线是由实际的物体表示的,其形态千差万别,建筑中的线元素分长短、粗细,形式分为直线、曲线与折断线等。不同的线能够体现相异的表情与风格,形成独特的视觉效果。同一维度的线可以分割构图,不同维度的线可以勾勒出形体。在建筑构图中,线的表现形式一般为立柱、过梁、屋檐窗间墙、幕墙的水平和垂直构件等。线能给构图轻盈感和力量,如出挑的屋檐显得轻盈,而垂直于地面的立柱表现出抵抗重量的力量感。

几何学中的线是由无数个点组成的,特点是无粗细、无宽窄、无长短。建筑形态学所讨论的线多指建筑的轮廓、屋檐、装饰条、剪影等,可以不完全依附于面而存在,可以有体积。除了有具体形态的线之外,还有纯粹意义上的线,如场地的轴线。线的形态明确，可以通过调整建筑的面和体进而调整建筑形态，对建筑形态的表达有着举足轻重的作用。

### 3. 面

面是线的移动轨迹。建筑构图中的面，是由线围合而成的，通过线的围合，能够赋予面以形状的属性。面总体可以分为曲面与平面。面的意义在于区分。在建筑中，面可以起到限定空间范围的作用。在建筑构图中，当面的范围非常大，尤其是面的轮廓被忽视或不可见时，面主要表现为表层的视觉属性，如质地、颜色。若面的范围较小，轮廓清晰，则面的视觉属性更侧重形状。在建筑构图中，面的划分具有重要意义，如对平面划分能够限定空间、赋予建筑功能，对立面划分能够使建筑形体明确、美观。面的各种组合手法，在构图中都具有个性表达的意义。

点和线元素的扩展及点和线的密集排序都会形成面。在建筑设计中，面元素更是不可或缺的元素，如西班牙古根海姆博物馆，这座建筑的外墙大部分由形式多样的曲面构成，每一块曲面的面积、形状都各不相同，给建筑外观形态带来了丰富多彩的变化。

面是携带建筑基本信息（形状、色彩、材质、纹理等）的造型要素，是构成"体"的主要元素。建筑形态学中的面，并非总是依靠体而存在，当人距离对象足够近或对象体积足够大时，体的形态作用几乎被忽视，而以面来反映形态。面对于建筑形态的表现最具直观性，是可以被视觉和触觉感知的。人通过对感知信息的主观处理，形成对感知对象的主观判断。

### 4. 体

体是建筑的基本单位，具有空间表达、情感表达等功能。体的内部空间往往被称为局部空间，外部空间则被称为整体空间。局部空间通常由各空间单元体组合而成，空间单元体的形状和组合决定了外部形态。大体量建筑通常由多种形态的体组合排列而成，体与体之间留白或交错形成了灰空间。不同大小体之间的比例关系被人感知处理后，形成了人的审美意识。和人类语言一样，体就像是建筑的语言，携带了建筑的所有信息。

## 二、现代建筑构图中的数学原理

数学的研究成果不计其数，在建筑中的作用也是巨大的，应用范围更是渗透到建筑建造的每个过程和建筑的每个部位。在科技发达的现代社会，建筑已经无法离开数学。数学在建筑构图中的应用大致可分为三类：黄金比、网格和模数。

## （一）黄金比

黄金比也叫黄金分割。《中国大百科全书·数学卷》对黄金比的解释是："这条线段可以分为两条线段，其中的一条线段是整个线段和另一条线段的比例中项。这就是黄金比问题。"其比例数值为1：0.618或1.618：1，即长段为全段的0.618。古希腊毕达哥拉斯学派认为"万物皆数"，在对美的形式的研究中，他们发现自然界中优美的生物体都是具有相似的比例的。由此古希腊毕达哥拉斯学派发现了影响至今的黄金比定律。

## （二）网格

网格式的数理分析是在建筑构图中使构图获得和谐的有效工具，而网格一般是由复制、变化、发散的基本几何结构组成的。在二维平面中，网格是由两组或两组以上的平行线相交生成的，由交叉生成一系列的形同或相似的几何形，若是网格有厚度，就能形成一系列重复的单元化空间，由此便形成了三维网格。

网格在建筑构图中的使用由来已久，传统的网格是依据欧氏几何排布，由水平和垂直两个方向交织而成。在建筑建造过程中，为了满足空间的特定要求，同时划分出共享和后勤保障等空间，网格可以在几个不同的方向上呈现出不一样的造型，部分可以被扭转、间隔开。另外，网格也可以依据自然地形发生局部改变，来更好地和基地现有条件相适应。几组不同的网格可以组成复合网格，由此形成的空间形式能够保持各种组成网格的特征，可以形成更多的建筑内部空间。给网格加上第三维的数量，就能形成三维网格。艾森曼指出水平的和垂直的网格是和重力紧密相关联的，他指出："任何事物都能够和这套网格系统发生联系，无论这个事物是自然界的还是人工合成的。"网格的种类非常多，可以和各种其他数理形式相结合，例如，非欧几何中的分形理论和网格相结合，使网格的使用方式更加灵活，种类也更多，能形成新的构图韵律。

## （三）模数

"模数"一词源自拉丁语"modulus"，意为"小尺寸"。《土地大辞典》对建筑模数下了这样的定义："建筑模数指建筑物建筑配件、建筑制品及有关设备的生产中相互协调的标准尺度单位。"国际模数工作组将模数定义为"为保持建筑物和通用建筑构件的尺寸协调并使之具有最大灵活性和方便性时所选用的尺寸"。我国以 100 mm 为基本模数。建筑模数是建筑设计标准化、构件生产工厂化、施工机械化的必要条件。它分为基本模数、扩大模数（基本模数的数倍）和分模数（基本模数的几分之一）三种。建筑中一切尺寸都应采用这三种模数，如门、窗、开间、进深等采用扩大模数，而螺钉、活页等则使用分模数。

# 第三节　现代建筑形体与平立面结构设计

## 一、现代建筑形体

现代建筑科学技术的飞速发展，使现代建筑不断呈现出全新的面貌。曾经作为概念性和前瞻性的设计构想，如今都因理念和技术的突破而成为现实和可能。构成形式为建筑造型设计提供了更多的构思方法，为设计者提供了最基本的设计造型依据。建筑外立面设计通过应用构成艺术的形式构成原理和法则，充分利用形态构成的各个要素，从复杂的形态中提取纯粹的视觉要素然后加以分解、组合构造并按照一定的方法形成一种美的、和谐的视觉组成形式。而这种提取元素和寻找形式美感结合点的过程就成为体现建筑文化属性至关重要的过程。

### （一）形体构成

构成，是近现代发展起来的一个造型概念，是造型、组合、形成、拼装、构造的意思，即从复杂的形态中提取纯粹的视觉要素加以分解、组合构造，并按照一定的秩序与法则将诸多造型要素组合成一种新的具有一定关系的视觉形态，是一种美的、和谐的结构关系的视觉组成形式。

构成以平面构成、立体构成、色彩构成三大构成为主，其中平面构成的基本元素有点、线、面，立体构成的基本构成要素是点、线、面、体和空间，色彩构成依附于平面构成与立体构成，是形态构成的完善与升华。在建筑设计中，往往需要将这些构成元素相互结合才能表现出一个完整的建筑形态，而在建筑外立面设计中主要运用基本形式的造型方法进行组合设计，这些基本形式的造型方法有重复、近似、渐变、特异、密集、对比、肌理等。

诸多设计都离不开造型、比例、空间、色彩、质感等因素，设计中的材料、造型、色彩、形态都需要用审美的眼光来组合。构成的视觉语言和思维方式对工业设计、建筑设计、城市设计、标识设计、广告设计、舞台设计、纺织品设计、服装设计、家具设计、环境设计等都产生了重要影响。

## （二）建筑形体设计

建筑设计构思是建筑创作的基础，众多影响建筑设计构思的因素都将转换为建筑语言，最终通过建筑的形体表达出来。

### 1. 形体构思

建筑的形体构思主要来源于形象思维，以抽象、概括的几何形态来塑造主题建筑。诱发建筑构思的因素为项目主题。可以采用的表现手法是抽象——从许多事物中舍弃个别非物质的属性，抽出共同的本质属性的过程。这是形成概念的必要手段，可以源于形象、数字、哲理意象。

另外，建筑的形体构思有一部分源自环境思维，属于环境思维中的人工环境——物理环境的形体构思范畴。例如，在对校园建筑形体进行设计时，可以从周围的建筑及城市生态环境中思考建筑形式。

### 2. 形体手法

在形体手法上，母题法和网格法是常用手法。其实，每个建筑师在建筑设计的形体学上都有自己独特的风格和方法，在设计不同的建筑时，可以分门别类地从建筑设计方法形体学这一方面入手，收获更多在建筑设计思路和建筑造型上的好的方法和经验，使建筑设计更加理性、科学。

## （三）建筑形体的设计准则

### 1. 环境准则

当建筑形体出现在一个环境中时，它可以顺应环境而生长，其存在似乎是表达着对环境秩序的补全，一如山顶上的塔之于山脉那样，山脉向上延展的走向并未随着塔的出现而停滞，反而通过塔延续了向上的态势。与之相对的，当一个建筑形体本身出现在画面中时，它自身也可以被视作环境的一部分。当其形体因为特定的需求（如文化、宗教）成为环境的主角时，原有的环境成为配角，而主角（建筑形体）则通过与配角形成对比，成为画面的主导者与秩序创造者，就像开阔平地上壮丽的金字塔所呈现的那样。在上述两个场景中，画面的秩序从某种意义上来说是可以相互转化的，我们可以认为是塔延续了山之"势"，同样塔之"势"又何尝没有因为山的呼应而变得更加强烈。与此同时，金字塔因为开阔背景的衬托变得愈发雄伟，但突然出现的金字塔似乎又在向观察者强调沙漠的广阔。

**2. 社会准则**

建筑是社会的建筑，建筑存在于地球上，它是人类社会发展的产物，建筑无法脱离社会背景而独立存在。建筑形体也是一样，建筑形体存在于时代环境中，从社会层面出发，人们对形体的认知必然存在普遍认知及少数认知，建筑形体的营造无外乎是顺应大众的普遍认知或是改变普遍认知。

**3. 功能准则**

建筑形体是建筑自身的使用功能及设计者自身意志的外放体现。当我们在营造建筑形体中的"势"的同时，必然不能忽略建筑形体的功能性。建筑应当满足人的使用要求，建筑的功能在整个建筑的营造中占据了核心主导地位。这种功能反馈在建筑形体中具体表现为一种功能形体，而依据使用功能空间的重要性我们可以将其分为主要功能形体及次要功能形体。

**4. 结构准则**

建筑形体的营造无法脱离结构而存在，结构是自然法则的体现，我们可以去突破自然的禁锢，但我们的突破必然是对原有法则的延续与发展。故而我们在营造建筑形体的时候，不可避免地要学会去利用结构，利用结构就是利用法则，结构反映的是一种原始的力。我们的生活中无时无刻不充斥着力的作用，建筑的结构形式总是与力的作用有着密切的关系。结构形体体现的是一种力的动态平衡，它是力与美的完美结合。

**5. 装饰准则**

建筑形体在环境中以视觉信号为载体呈现给环境中的观察者，不可避免地对建筑形体提出了装饰效果上的要求。同样，在建筑形体的营造中，装饰作用同样也是营造的出发点之一。在日常生活中，建筑形体的装饰作用除了形体本身的形态美外，还可以通过门、窗、屋檐等装饰构件来表现，这些要素在承担一定的装饰作用的同时，还具备一定的功能性。

## （四）建筑形体的改造方法

形体改造是赋予建筑性格、情感、内涵的重要手段，常用的形体改造方法有增减法、变形法和隐喻法。

1. 增减法

增减法是指在固有的形体之下对其体量进行增加或切挖，从而达到一定造型效果的建筑形体表现技法，它是最常见也是最有效的一种技法。原则上，增减法不改变原有建筑的基本形态，只在原有基础上进行附加、剪切、组合和精简。

（1）附加

附加通常是在完整形体上必要地增加部件，使其在不影响建筑的整体形态下为建筑增添美感和内涵，如建筑的雕花、柱式、藻井等。附加部件是能补充和美化建筑形态的点睛之笔，应与建筑主体血肉相连。

（2）剪切

剪切通常与附加相反，是在完整形体上必要地进行切割、挖洞，从而形成空间嵌套，既可以增加空间的趣味性和空间的指引作用，同时又可以减少沉重的体量感。例如，对立方体进行切割，切割处可以是角点、边线、表面，甚至空间内部。建筑的性格决定了建筑是否适合剪切及剪切多少。

（3）组合

组合是两个及两个以上的元素相互叠加、穿插、重复、串连的技法。并置是组合中的一种，是相同元素的重复使用。并置元素会表现出建筑的韵律感，同时强调该元素在整体中的地位，如故宫建筑与帕提农神庙的柱廊。通常组合形体会考虑在相同元素之中加入不同元素，以形成强烈对比，突出视觉中心。空间的组合会形成灰空间，叠合的体量或产生"透明现象"。

（4）精简

精简是现代建筑设计必不可少的环节，是目前大力提倡的技法。自现代主义提出"少即是多"设计理念起，建筑设计便开始摒弃烦琐的装饰，着重比较体块的关系。但随着人们精神文明的提升，包含寓意的装饰在建筑上的使用必不可少。作为地域文化的载体，建筑立面装饰少不了当地的自然符号和人文符号，完全简洁的现代主义建筑已不符合当代精神文明建设的标准。

2. 变形法

建筑的变形本质上不改变建筑性质，但与增减法不同，建筑的层次、情感会因变形而发生改变。变形手段主要有拉伸、转折和异位。

（1）拉伸

拉伸是指将建筑体块的局部向外拉或向内压一段距离，使得该局部成为整体的视觉中心的技法。拉伸可将建筑的特殊功能或重要功能与主体脱离开，如某些大空间体量，因局部结构与整体不同，建造时必先考虑结构的稳定性，在多次尝试之后，人们发现了拉伸的优越性：既简化了结构，又增添了设计的美感和内涵。

（2）转折

转折受到结构的制约，通常仅在平面上体现，但随着工业技术的不断发展，空间转折技术也逐渐成熟。民居建筑的转折技法常应用于朝阳面，为了更好地接收自然光照，设计师会主动将立面进行转折，从而使得采光效果达到最佳。转折手法可以用在规则形体上，同样也能用在异形形体上。非线性建筑的转折给人灵动之感，如长沙梅溪湖国际文化艺术中心。除去周边环境与建筑风格对艺术中心的"影响"外，建筑的转折是充满优美韵律的。

（3）异位

异位是指建筑的形体有时根据需要打破整体，形成独立的个体，并通过错位排列形成与原建筑形态不同情感的新形态的技法。建筑的局部有时为了突出视觉中心，会与主体发生断裂，但从全局看依然是一个整体，裂口两侧看似咬合，互相呼应。或将建筑中各个个体错位开来，将整体分解成具有各自功能性质的个体，并按照一定流线串连，这些都属于异位的范畴。异位并非一定要有序排列，亦可按照功能需求将某处错开，错位处理会使层次感更加丰富。

3. 隐喻法

隐喻法是指对自然、人文符号进行提取、处理和抽象表达的建筑形体表现技法。隐喻法通过将建筑的原本表意抽象化，着重强调某一方面的特点，可以摆脱原有形态的束缚，如悉尼歌剧院、印度新德里莲花寺等。

## （五）建筑形体的呈现类型

建筑形态分为潜在与表象两个层面的内容。潜在的建筑形态表达了心理上的行为趋势及心理上对社会发展趋势的共鸣，其本质是一种带有选择性的趋势。选择性趋势的产生意味着方向性的出现。在当下愈发稳定的社会背景下，人类在科学、文化等领域的探索百花齐放，这种社会的趋势也逐渐演化为一种时代的发展。

1. 方向感

在所有类型中，方向感是唯一具备潜在与表象双重属性的感知。

（1）表达时代变化趋势的方向感

建筑是人类酝酿与产生社会活动的场所，人生活在城市之中观察建筑的形体继而判断自身的行为方向。在社会文化更加开放自由的当下，建筑的形体也伴随着文化与思想的转变发生改变，而当这种时代特征变得愈发精彩时，建筑形态的精神内涵就会显得愈发强烈。这一点在 20 世纪的建筑形体的变化及演变中可以窥见一二。

（2）表达行为变化趋势的方向感

人观察物体会通过视丘呈现出画面并传递至大脑皮质的第二区域，同时依据神经的处理选择行为。换言之，人观察建筑的形体会产生相应的行为趋势，但视觉刺激的强弱差异会对人能否产生具体的行为有很大影响，这是因为人的行为受到多个神经区域的影响而不只是第二区域。当建筑的形体表现出强烈的方向趋势时，人的行为就会顺着这一方向前行。就像人在茂密森林中看到开阔地如同看到了开阔的森林入口一样，人会不自觉地被这一形态所影响并向前行进，这意味着人的脑中出现了一条无形的线指向开阔处，而这条线就是"势"，而这一现象的产生源自人走出森林的本能，当这种本能与人脑中无形的线走到一起的时候，森林的形体就具备了一种能反映行为变化的方向感。

（3）表达视觉上的方向感

视觉上的方向感主要源自人的动态知觉系统，具体表现在视觉画面对人视觉神经的刺激上。视觉上的方向感在我们的生活中无处不在。总体而言，视觉上的方向感存在刺激性与非刺激性两个方面，刺激性的方向感显然依赖于形体给人的视觉刺激，而非刺激性的方向感则是由人观察事物的方式所导致的纵深感。

## 2. 速度感

一方面，速度是相对的。一个事物形体速度感的体现依赖于它与相对参照物在同一方向上的速度感差异。当这一差异具体落实在建筑中时，一方面建筑形体的速度感体现在它与周围环境的形体在同一方向上的速度感差异。根据这一差异，我们可以将建筑形体的速度感根据它与周围环境形体差异的不同分为低速度感环境形体与高速度感建筑形体的对比及高速度感环境形体与低速度感建筑形体的对比这两种类别。这种对比本质上是一种速度的差异。

另一方面，速度是事物在单位时间内运动距离的大小。当我们把事物运动的轨迹用点的方式标注出来时，连续的点与点之间规律的距离差值代表了速度变化的过程，而整体形体在具备方向上的动态特征的同时，也具备了速度上的动态感。在建筑中，这一动态特征会被建筑形体以不同组成部分的排列组合的方式呈现。这里建筑形体的组成部分表达的是一种速度的变化。

（1）差异导致的速度感

环境的速度感体现在环境中不同要素是否在方向感上具备一致性，当环境中的大部分要素表达同一方向上的动态特征时，环境的形体就具备了较强的速度感，同样当环境中的要素以一种杂乱无章的方式呈现在环境中时，环境形体则具备了极其微弱的速度感。

（2）变化导致的速度感

根据排列组合方式的差异，我们可以将变化导致的速度感分为隐性与表象两个方面。其中，表象的组合所产生的速度感通常会对人的视觉带来一种直观的速度差异，这在大量的参数化建筑中可以窥见一二。

（3）眩晕导致的速度感

在变化导致的速度感这一类别中，依据相关成果，我们可以发现一种极其特别的速度感——连续等距排列导致的视觉上的眩晕感。这种眩晕感会产生速度感，究其根本是由人的视觉感知系统所导致的，即视觉暂留现象。

### 3.力量感

无论是方向还是速度，都是因受到了力的作用才得以产生，但方向和速度并不是力的直接表现。当我们向物体施加力的作用时，物体本身会产生形变，然后才是运动的开始。形变就像是事物运动前的一个信号，预示着接下来的运动。形变是一个过程，而形变的结果在形态上通常伴随着扭曲与破碎，这一结果反映在建筑形体上时就让建筑形体具备了力量感。

（1）入侵感

建筑形体的入侵感，反映在建筑形体完整的形变中，即形体上表达的向一侧的突变。基于突变的方向，我们可以将其细分为拉拽、挤压两个方向。拉拽顾名思义就是建筑形体呈现出一种向外凸起的状态。这种凸起在表达重量感的同时也会给人带来强烈的指向感。

（2）破裂感

破裂感被大量的解构主义建筑师应用以诠释一种符号秩序的破碎，但显然人类几千年来的符号秩序是不可能被撕裂的，建筑形体的破裂感应当是以一种至上主义的方式（破碎的感知）去诠释建筑形体的力量感。当建筑形体以破碎化的形态出现时，这些要素应当以一种分离式的方式散开，而非一种完全的破碎。通过这种由一点发散出去的分离式破裂，建筑形体得以表现在某一点受力的力量感。通过这种方式建筑形体可以表达设计者内心中与抗争有关的思想。

## 二、建筑平面设计

随着我国建筑行业的迅速发展，新技术和新材料不断涌现，为建筑平面设计提供了很大的技术支持，设计师可以设计出更多复杂的建筑形式。在建筑平面设计的过程中，设计师不仅要考虑人们的功能需求，还要保证建筑结构的合理性和周边环境不受破坏。通过科学合理的设计工作，在保证功能美观的前提下追求利益的最大化是设计工作的主要思路。由此可见，合理的平面结构构思是建筑建设中的重要环节，需要我们不断进行研究和创新。

### （一）建筑平面设计构思的意义

人们在对建筑进行使用时，对建筑的第一印象都是由建筑平面设计带来的，建筑的平面设计工作可以体现建筑各方面的功能。设计者们需要考虑人为因素和环境因素对建筑的影响，通过这种平面设计构思将对建筑产生影响的因素进行反映。因此，建筑平面设计不仅要满足建筑的实际需求，还要对所有实际影响因素进行考虑，以便设计出具有当地文化历史特色的综合性建筑。既满足功能需要又赋予建筑生命力便是建筑平面设计构思的目的和意义。

### （二）建筑平面形态构成

建筑平面的形态结构是平面设计的基本框架，只有做好建筑平面形态的结构设计，才能为接下来的平面设计打下良好的基础。我们需要根据建筑的实际需求选择不同的形态结构，满足人们对建筑的实际需求。根据一定的规律，我们可以将形态结构分为以下几种。

#### 1. 基本几何图形

圆形、三角形、矩形等基本几何图形是建筑中比较常见的几种形态结构。这几种基本几何图形可以满足大部分的建筑要求并且具有很高的稳定性，许多世界有名的建筑都采用这几种基本几何图形作为平面形态结构。

#### 2. 基本几何图形的变形与组合

在基本几何图形的基础上，我们可以对基本几何图形进行一定的处理和组合，以便形成更复杂的几何图形，进而满足复杂的建筑需求或者满足人们对建筑美观的追求。根据不同的建筑需求，我们可以合理地将基本几何图形进行处理，创造出合适的形态结构。

### 3.基本几何图形的分割与重组

我们可以根据建筑周边环境和建筑实际需求，对基本几何图形进行分割和重组，以便进行建筑平面结构形态设计。这种分割和重组的方式既可以改变建筑内部的采光和外部环境的观赏，增加建筑的美观性，又可以将周边环境和建筑融为一体，促进建筑与环境的和谐共处。另外，这种分割和重组的方式还可以对周边嘈杂环境进行隔绝，增强建筑的舒适性能。

## （三）建筑平面设计的侧重点

### 1.从功能需要创意建筑平面

把建筑功能作为建筑平面设计构思的侧重点是比较常见的一种构思手法，人们对建筑功能的重视度比较高，所以说设计者一般从功能性的角度对建筑平面进行构思。对于不同的建筑类型，我们可以从建筑的实际需求方面进行考虑，如图书馆，我们可以从如何使用户的浏览更加方便、舒适这一角度进行建筑平面设计构思。只有满足了人们对建筑的实际需求，才能使建筑的平面设计具有实际意义。

### 2.从传统符号提炼建筑平面

建筑所在地区的传统历史和当地文化内涵都是传统符号。在建筑平面设计所注重塑造的性格特征中，非常重要的元素之一就是传统符号。以当地历史和文化内涵的为依托，建筑平面设计的性格特征才会更加有意义。

### 3.在设计中注重心理体验

一个好的建筑平面设计，不但能够给人带来好的视觉体验，还能够给人很好的心理体验。在实际生活中，一些建筑平面看似毫无章法，形态扭曲，实则是为传递出一种只可意会、不可言传的设计理念。

# 三、建筑立面设计

## （一）建筑立面设计的发展

建筑的立面可以统称为建筑外部的可视部分，其一直反映着人们对其功能、文化和美学的建筑需求。因而建筑的立面设计贯穿于建筑的整个发展历史。随着时代的发展，理清建筑立面设计的发展趋势，有助于理解建筑立面设计发展背后的推动需求，有助于完善可自然通风降噪复合立面设计的设计策略。

在现代主义出现之前，虽然随着时代精神的变化，建筑立面发展出了诸多建筑形式，诸如飞扶壁、拱券结构等，使得建筑立面得到了一定的解放，建筑立面开窗比得到了提升，立面的造型亦更加的丰富，但是从整体来看，建筑立面依然是以封闭的实面或者是框架结构立面（骨架结构可以保证建筑立面的开窗）为主要的设计方式。

而到了 19 世纪，钢筋混凝土及钢结构框架结构的应用，造就了以柯布西耶为首的现代主义运动，建筑立面设计才出现了新的革新可能。其主要原因是建筑立面能够脱离承重结构，成为非承重结构的一部分。建筑立面不再需要跟承重墙体一样从地面开始往上建造，而是更加的自由，建筑师可以充分发挥自己的想象力进行设计。因而现代主义出现之后，建筑立面设计呈现无比丰富的局面。幕墙是现代主义建筑立面的典型案例，其主要特点就是仅需要自承重而不需要承担建筑结构的重量，其也是国际现代主义风格的代表。

20 世纪后半叶，多流派的后现代主义的出现使建筑立面设计呈现出了新的局面，归根结底依然是建筑建造技术的进步。其中高技派对建筑立面设计进行了革新，自此之后，建筑立面不再是一个界面，而更像是一个"表皮"，甚至是一个系统，拥有多样的功能。当代建筑立面设计的发展呈现出新的趋势和需求。其主要有以下几点。

①社会的发展及人们生活水平的提高使得人们对建筑的室内舒适度提出了更高的要求。传统的建筑立面已经无法满足人们的需要，建筑立面设计应该充分考虑建筑立面承担多复合功能需求的特点。

②随着人们绿色生态和经济节能的要求，绿色节能、环境友好型是建筑设计的重要趋势。作为建筑室内空间以及室外环境的重要界限，建筑立面当下需要能够适应不断变化的气候条件，在满足室内舒适度条件下，通过自然通风及采光、被动主动降噪、太阳能发电等措施，代替原本主动能耗设备，为建筑节能做出贡献。

③由于建筑建造技术的进步，建筑立面已经不是一个单独界面，而是一个犹如皮肤一般拥有多重层次的复合立面系统，并以材料、布局、颜色和构造方式赋予各层次不同的特点。复合立面系统拥有针对不同功能需求的构造层面，通过水平方向相互叠加，创造了多层次的功能体系。同时由于计算机参数化辅助设计的发展，建筑立面的造型更加多样。这两点决定了建筑立面设计呈现出前所未有的多样性和复杂性。

## （二）建筑立面设计的造型方法

在建筑立面设计中，最常见的造型方法有重复、近似、渐变、对比、特异、肌理等。下面重点举例说明这几种造型方法。

### 1. 重复

重复构成是将一个基本形体作为主体，并使其连续地、有秩序地、反复地出现在二维平面上。在建筑外立面设计中，重复构成这种手法很常见。重复构成的形体可以产生独特的艺术效果，将一个基本形体进行重复构成，可使整个外立面变得丰富多彩。

### 2. 近似

近似构成是有相似之处的形体间的构成，一般有形状、大小、色彩、肌理之间的近似。将凸出的窗户作为基本形体，将相似的窗户规律地排列在建筑的外立面上，可以形成比较活泼的视觉效果。

### 3. 渐变

渐变构成是把基本形体进行逐渐的、有规律的循序渐进变化，大小、间隔、方向、粗细、位置以及色彩的明暗等都可以达到渐变效果。例如，在大楼外立面玻璃幕墙的外面罩上一层由无数尺寸相同的几何方格子组成的"表皮"，颜色由深到浅渐变，整个建筑外立面像一幅 3D 立体画，有一股强烈的空间感。

### 4. 对比

几乎所有的元素都可以作为对比的因素。例如，虚实对比，将玻璃与白色铝塑板作为主要材料，其中玻璃主要是"虚"，白色铝塑板主要是"实"，这种恰当的虚实感，会让整个建筑立面一下子生动、活泼起来。

### 5. 特异

特异构成是一种在较为有规律的形态中进行小部分的变异以突破某种较为规范的单调的构成形式。特异构成既包括基本形的形状、色彩、大小、方向等的特异构成，也包括骨骼的特异构成。

### 6. 肌理

肌理是指凭视觉即可分辨的物体表面的纹理，以肌理为构成的设计，就是肌理构成。在建筑外立面设计时，建筑材料本身的肌理与质感都会表现出不同的视觉效果。最常见的几种建筑材料，如石头、木头及玻璃材质，它们被运用于建筑外立面上时都会展现出完全不同的视觉效果，也会表现出不同的设计理念和情感。

## （三）建筑立面设计的应用——通风降噪

### 1. 横向挡板类复合立面

横向挡板类复合立面是指在建筑立面中以水平板作为隔声构件，并保留板间间距作为开口以实现立面自然通风的可自然通风降噪复合立面类型。在诸如交通噪声、行人噪声等位于建筑下方的噪声源情况下，由于横向挡板类复合立面与噪声源的传播途径为垂直关系，建筑开口为立面垂直面，一定程度上没有直面噪声源，因而横向挡板类复合立面整体具有一定的降噪效果。显然，低楼层的横向挡板类复合立面没有降噪作用。

### 2. 竖向挡板类复合立面

竖向挡板类复合立面是指在建筑复合立面中以竖向挡板为主要的隔声构件，并通过竖板局部开口或者挡板侧翼留出开口进行自然通风的可自然通风降噪复合立面类型。由于竖向挡板类立面在正面能够更好地覆盖通风口，在建筑低楼层及中远距离噪声源的条件下，竖向挡板类复合立面相对于横向挡板类复合立面具有更好的降噪性能。

### 3. 阳台类复合立面

相比横向挡板类复合立面及竖向挡板类复合立面，阳台类复合立面主要有以下两点重要特征：一是前后界面的空腔较大，层与层之间有分隔，人可以在内部通过；二是由于进深较大，形体结构的横向构件及竖向构件会同时对噪声的传播产生影响，共同起到隔声作用。

# 第四章 建筑材料与建筑的经济设计

随着我国建筑行业的迅速发展，我国建筑材料也从以前的自然资源材料转变为人工合成的科技类材料。随着人类环保意识的提高，未来建筑材料一定会向着低能效、高强度、长耐久、环保和美观等方向发展。本章分为建筑材料的分类、选材标准及技术发展方向、建筑工程的技术经济指标与经济性评价、建筑设计中的经济性分析三部分，主要包括建筑材料的分类、建筑材料的选材标准、建筑材料的技术发展方向、建筑工程的技术经济指标等内容。

## 第一节 建筑材料的分类、选材标准及技术发展方向

### 一、建筑材料的分类

#### （一）按形态分类

**1.点状材料**

天然材料主要是指树木、果仁、石材等，它们也可以被重新加工成片状的点，或者用锯子切开，以揭示核心的结构和丝瓜片的内部纹理，所有这些都有很好的纹理和视觉效果。这些点状材料是通过一定的组织结构来收集、整理、重新组织或悬挂的，这样它们就会交叉。这种来自大自然的工作通常会给人一种天生的亲和力。

以纤维材料为例，人工点状材料在纤维艺术创作中占有很大比例，比天然材料更丰富，天然材料有一定的局限性，品种相对较少，而人工材料涉及的种类较多。一般来说，我们使用现有的产品直接设计或进行二次加工、变换、组合、设计，并以某种形式的创意来表达自己，用不同的材料来制作不同的材料点，从而

产生不同的艺术风格和不同的内涵。值得注意的是，在使用点状材料时，千万不要用材料太杂，一般最好是用一两个点状材料，各种材料会使画面不均匀、不和谐。除了材料的简单统一外，点状材料的使用还应注意组织的节奏、大小、三维的波动及点状材料的纹理性能。

**2. 块状材料**

放开对厚度的限制，我们可以参考木材加工行业的名称，将"宽度为厚度两倍以上"的锯材称为板块材料，由此将块的范围放大到"板块"概念。一种很重要的应用形式是实木的加工板材。在现代建筑的室内装饰中，实木是最常见的建材单元，它可以应用于矩阵的装饰界面，如"天地墙"等。在地面上使用实木板材，当实木厚度满足上述要求时，可以满足人体对地面的舒适性要求。另一种很重要的应用形式是薄木头，它与板材不同，它是根据锯切的方法产生的。薄木材根据其厚度可分为普通薄木材和微细木材。与板材相比，实木被加工成薄木材，在现代建筑的室内装饰中得到了广泛的应用。

## （二）按材质分类

**1. 陶板**

天然的陶土可以为建筑材料带来更多的变化，可以做成陶板、陶砖及陶棍等。其中，陶板具有绿色环保、隔音透气、色泽温和，应用范围广等特点。陶板一般采用干挂安装，方便更换，给建筑设计提供了更灵活的外立面解决方案。

陶土与水混合后具有可塑性，干燥后保持外形，烧制可使其变得坚硬和耐久。不同产地的陶土具有不同的化学组成、矿物成分、颗粒大小及可塑性，因此，不同生产商的类似产品可能具有极大差异。陶板在建筑幕墙中的常见形式有单层陶板、双层中空式陶板、陶棍及陶百叶；常见的表面效果有自然面、喷砂面、凹槽面、印花面、波纹面及釉面等。陶板本身具有以下特性。①强度高、重量较小，陶板可随意切割，多采用空心结构，自重轻，隔声好，同时可增加热阻，提高保温性能。②材料性能稳定、耐久性好，抗霜冻，耐火不燃烧，材料的燃烧等级可达到国家标准中的不燃烧体 A 级。③色彩多样、色差小、风格古朴，陶板的颜色是陶土经高温烧制后的天然颜色，永不褪色，历久弥新。陶板的常见颜色分为红色、黄色、灰色三个色系，可广泛应用于各公共建筑和高端住宅等内外墙装饰中。④容易清洁，陶板中金属含量低，不产生静电，不易吸附灰尘，雨水冲刷即可自洁。⑤绿色环保，陶板取材天然，无辐射，可循环利用，通常采用干法施工安装，无胶缝污染。

### 2. 金属

现代建筑的发展离不开金属材料的运用，金属材料的延展性及较好的质感和色感都能对现代建筑有很好的帮助。

金属材料的使用已经有几千年的历史，在现代建筑中它仍然扮演者重要的角色。在建筑业中，金属材料只有在完成工业化生产后才开始在建筑业中发挥作用。在建筑中，应用较多的金属材料主要包括以下几种。

①铸铝板。铸铝板顾名思义，就是通过铸造的方法获得的铝板。铸铝板主要适用于表面需要得到比较复杂的纹理装饰图案的铝产品，并且适用于对铝板有一定厚度要求的产品。铸铝板广泛运用于装甲防盗门的生产。近年来，铸铝板也逐渐用于建筑外立面。

②铝镁锰板。铝镁锰板是一种新型的屋面板，在建筑业中得到了广泛的应用，为现代建筑向舒适、轻型、耐久、经济、环保等方向发展发挥了重要的作用。

③钛锌板。钛锌板是指以主体材料锌为基材，在熔融状态下，按照一定比例添加铜和钛而合成生产的板材。钛锌板既有独特的颜色又有很强的自然生命力，能够很好地应用在多种环境下而不失经典。

④穿孔铝板。穿孔铝板是指用纯铝或铝合金材料通过机械压力加工制成的厚度均匀的矩形板材。穿孔铝板由于造型美观、色泽幽雅、装饰效果好，既可用于酒店、音乐会、餐厅、影剧院、图书馆等大型公共建筑，也可为各类大型交通建筑及超大型博物馆建筑提供良好的物质条件基础，成为近年来风靡装饰市场的主要产品。

### 3. 玻璃

玻璃以其独有的自身属性展现着双重性特征：一方面，通过光滑、均质、轻巧展现技术的精湛；另一方面，通过透明与半透明、折射与反射凸显知觉体验与美学内涵。它促进了建筑本身与环境、光线、场所及人之间的关联，以其固有的语言回应场所存在及时间变换。

①彩釉玻璃。彩釉玻璃是将无机釉料（又称油墨）印刷到玻璃表面，然后经烘干，钢化或热化加工处理，将釉料永久烧结于玻璃表面而得到一种耐磨、耐酸碱的装饰性玻璃产品。这种产品具有很高的功能性和装饰性。它有许多不同的颜色和花纹，如条状、网状和电状图案等，同时也可以根据客户的不同需要另行设计花纹。

②玻璃砖。玻璃砖的原材料和玻璃一样，它的材质也是石灰石、石英等原材

料，但是形状却又像传统的红砖材料，所以又名玻璃砖。玻璃砖形式多样，有长方体的、正方体的及球形中空的。玻璃砖一般用于建筑外表面和建筑室内装修。其中，建筑外表面的使用不仅能够模仿传统的建筑材料肌理，还能够更好地营造出通透的效果，是一种非常新颖的建筑材料。

**3.混凝土**

混凝土作为主要的建筑材料之一，曾经一度被认为是一种工业的、粗糙的、野性的材料，只适合用在结构上面，而不会用于建筑的表面，因此它过去经常与工业建筑联系在一起。然而，建造观念的改变揭示出混凝土本身就是一种很重要的材料。随着建造技术变得越来越精致，裸露的混凝土表面逐渐在建筑设计中得到广泛的应用。

混凝土一般是指由水泥、砂石等骨料与水组合，经过浇筑、养护及固化等阶段以后所形成的坚硬固体。其中，混凝土构成原料的不同和组合比例的差异，都会造成其不同的属性特征及感官效果。在建筑中，应用较多的混凝土主要包括清水混凝土、艺术混凝土等。

①清水混凝土。清水混凝土近年来使用频率非常高，它源自日本对混凝土的运用。清水混凝土可根据混凝土本身材质配比、后期添加色剂以及前面花纹，再分为白色混凝土、彩色混凝土和装饰混凝土等，这些都是非常好的建筑材料。

②艺术混凝土（再造石）。艺术混凝土（再造石）是一种新型混凝土材质，它的外观可塑性强，能够很好地在材料表面结合雕刻技术，并且比真正的石头便宜。因此，它既是一种能够收集废弃建筑垃圾的绿色建筑材料，又是一种能够为建筑提供优良性能的建筑材料。

**4.新型复合材料**

材料可以根据不同的制作方法分成许多类。复合材料则是由一系列其他原料（自然的、合成的或人造的）经过设计与制作而形成的具备特殊性能的材料。复合材料的特性常用于应对特殊的设计条件。它们以其特有的持久性、强度或防水性来满足建筑需求。在建筑设计中使用复合材料的关键是它们具有极高的灵活性：可以改变它们的组成部分为不同项目找到不同的解决方案，从而强调其具有可循环利用的经济性特征。

一方面，复合材料是现代建筑材料结合科技发展的最新产物，能够体现现代建筑材料的具体功能和传统特性；另一方面，复合材料能从材料本身上改进材料的性能，使多种材料的优秀性能集中发生在同一种建筑材料的身上，实现集中化表达。复合材料主要分为有机塑料（亚克力）、聚碳酸酯板（PC板）、ETFE膜材等。

## 二、建筑材料的选材标准

### （一）建筑材料的特征

#### 1. 质地和质感

建筑材料泛指一切可以用于建筑构件的原料。材料的质地是由物体表面的三维结构产生的一种特殊的质量。它与颜色、光泽、粗糙度、硬度、质地、透明度、干燥度等因素有关。纹理，通常用来描述物体表面的相对粗糙度和平滑度。它也可以用来描述某一物体表面的质量，如石头的粗糙表面、木材的纹理等。它受到材料属性的影响。一般来说，不同属性的材料有不同的纹理，如石头和木头。纹理也受到人工处理的影响。例如，同一种花岗岩经过人工加工后，可以形成镜面和羊毛表面效果，产生不同的材质质感。材料的质感是指人的视觉器官和触觉器官感知到物质肌理后，人的大脑合成处理所产生的感觉和印象，即材料的视觉纹理和触觉纹理。前者是通过眼睛观测得到的，比如说色彩、光芒、透明情况，后者指的是给人一种视觉纹理的感觉，触觉纹理是真实的，触摸时可以感觉到，如材料的厚度、硬度、干燥度、平滑度和弹性，并且随着材料质感的沉积，大多数的触觉纹理都会被转化为视觉纹理，因此视觉纹理可以是真实的，也可以是幻象的。

#### 2. 光泽和反射

光泽度是指物体表面的光的正反射程度，它通常展现了物体表面和镜面对比的差异度，也就是折射光线的能力，因此它也被叫作镜面光泽度。镜面反射是光泽度的主要因素。每一种类型的原料产生的光泽度都不一样，举例而言，金属具有很强的光泽度，因此其能够折射的光线也更多，所以产生更大的光亮，使得大众觉得明丽而轻快，有着较强的视觉感和动态美，质感强、现代感强，非常华美，是一种高级感的体现，而木头材质的原料则相反，通常展现的反射度不高，因此让人觉得温和、宁静、舒适，呈现出自然、简单、内敛的格调。反射光线的原料本身不会透光，能够映射出四周的景象。因为内外场景的重叠，使得其产生不同的韵味，犹如照镜子一般，使得大众产生一种旁观者的感觉、一种距离感。又比如做了抛光处理的材质，其反射性降低，给人一种现实、亲切的感觉。这种反射原理的合理使用能够让空间的变化更加多元化,同时让室内的光线出现改变,还能够形成不同的效果,对空间也能够形成一定的调整,让身处其中的人产生不同的感觉,这是非常有趣的一件事情,同时也能够让大众对其产生更多的认同和偏好。

### 3. 材质和纹理

材质和纹理也是两个经常被提到的概念。在建筑中,设计师经常改变材料的自然表面,获得材料的新材质。纹理是指物体表面的表现形状。它在细节上反映了不同图像的差异,可以分为自然纹理和人工纹理。自然纹理是指任何物体在自然状态下的纹理,例如,板的质地、树皮的纹理、动物的皮毛纹理等。人工纹理是人工加工形成的一种模仿纹理。

### 4. 材料的色彩

建筑材料的直观体验来源于人的视觉和触觉,在视觉上,不同属性的材料对采光度和视觉刺激的反应不同,由此可以区分出建筑材料属性的粗糙度、光滑度。在触觉上,材料的硬度、冷暖也可以被区分开。综合视觉、触觉后,材料的厚度、硬度、光滑粗糙、冷暖特征都被建立起综合联系,由此人们建立起了对材料的知觉体验。色彩就是其中最主要的一个方面,彩色板上的色彩是如此的丰富和自由,但它在一定程度上受到了材料性能和生产工艺的限制。但是这种材料的色彩美感并不是孤立的,它的颜色与光密切相关。没有光,任何颜色都不能呈现。在光的作用下,材料的表面吸收一定波长范围内的可见光,同时反射特定波长范围内的可见光,使之进入人眼,在视网膜上呈现某种颜色。这是固体的颜色。红色的物体是红色的,因为它只反射可见光波段的红光,并且吸收其他波长的可见光和白色。颜色对象反射所有波长的可见光,而黑色物体吸收和不反射所有波长的可见光。"颜色先于形状。"色彩对空间的影响主要是使建筑物的形状更清晰。在进行色彩搭配组合时,应注意结合"多样与统一"的形式美法则,也就是说,要掌握主要颜色,辅以适当的搭配和辅助颜色,一般不超过三个占有表皮大面积的基本颜色最好,这样的色彩组合是协调的。

## (二)建筑材料选择的必要性

### 1. 多变的功能需求

（1）物理需求

建筑源于人们抵抗大自然的恶劣环境,为了追寻一个遮风避雨的场所,这也就是物理需求。随着时代的变迁，由于科学技术发生大跨度的改革变化，建筑材料和构造也在不断发生变化。

在建筑为人们生活提供必需的物理生活条件的同时，它不仅和我们的基本生活习惯相关联，同时还和当地的自然环境及自然气候息息相关。因此，建筑师在进行创作设计的过程中，应该充分了解各种建筑材料的属性，以及各种建筑材料相互组合能发挥的最大特性。

（2）精神需求

生理需求和精神需求都是人们生活必不可少的条件，所以建筑不仅要满足人们所需的基础需求，同时还要兼容更高一层次的高级需求。根据马斯洛的层级理论，需求共分五个层级，这同样也适合人们对建筑的需求。人们对建筑的需求不只是简单的居住生存，同时人们希望能有更多的功能提供公共、隐私、交流等空间，这就要求建筑师在建筑创作中要有更多的考虑。

人们对建筑的精神需求可能会是一种在物理需求基础上的升华，我们需要从建筑所处环境中去总结提炼环境、人文、历史、文化等各方面社会人文的特有属性。在这其中，针对建筑材料的物理化学手段只是我们达到目的的一种手段。

**2. 多样的材料组合**

（1）现代建筑材料与现代建筑材料组合

随着时代的发展，新的材料性能、新的施工工艺特点、新的技术应用也在持续地发展改革变化，现代建筑材料在现代建筑创作中也会有更广阔的发展前景。因此，如何使用现代建筑材料以及如何巧妙地利用现代建筑材料之间的相互组合去给建筑创作带来不一样的设计灵感是我们当下面临的重要难题。

给定一块场地，我们如何对建筑进行设计以及如何对建筑的材料和构造去选型，这些都需要我们对现代建筑材料有一个详细的了解。时代在进步，社会也在不断地进步，人们的审美习惯也不会一直和以前的标准相同，很难会有恒定的美学标准。建筑更是如此，人们希望一种材料本身具备的性能，可以包含好几种材料的优越性能。

（2）现代建筑材料与传统建筑材料组合

当今时代，经济、文化和政治在稳步发展，过快的发展往往会导致很多传统建筑材料的使用被轻视，尽管在传统材料的某些特性里存在着许多不能让人忽视的使用特性。现代建筑材料与传统建筑材料相结合，在一定程度上能拉近建筑和人之间的关系，唤起人们内心深处的愿望。

传统建筑材料如土、木、石、瓦等材料都是天然材料或采用天然材料加工而成的，其本身人们都或多或少地亲身感知甚至触碰过，色彩尺度也都是相对宜人尺度，无形中就拉近了材料本身和人内心之间的空间距离。现代建筑材料则与之相反，因此，现代建筑材料结合传统建筑材料既是对现代建筑材料的有效利用也是对传统建筑材料地域本色的发挥。

## （三）建筑材料选择的标准

建筑材料的选择要兼顾实用功能与艺术审美。建筑同样是一门伟大的艺术，但它不同于舞蹈、绘画或音乐这种欣赏类艺术。它始终是一种具有实用性的物质产品。因此，建筑最重要的艺术特性就是建筑的功能实用性，唯有建筑本身具有舒适实用的特性时，人才会产生愉悦的感受，对艺术才会有更为深入的体会。因此，建筑艺术必须与实用性挂钩。

建筑的存在是服务于人们的现实需求的。早期，人们出于生存、躲避危险的本能用最简陋的材料搭建房屋时，所建之物是人类最为迫切的需求。而后，因为树枝与茅草总是被大风吹走，被暴雨淋湿，人们又开始进行改良，利用肥沃的泥土制成了砖块。由于砖石材料的存在，人们可以很容易地在风雨中搭建一个坚固的遮蔽物，保证居住环境的安全性和实用性。基于此，人们开始积极主动地利用不同的方式及材料来建造各种建筑，希望以此来打造高品质的建筑空间。实用新型材料促进了建筑的发展，原始社会砖的发明，就在很大程度上推动了人类建筑工业的有效发展，相比于最初的窑洞，砖砌建筑的实际优势越来越明显。

建筑诞生之初本就是为了让人们进行实际应用的，因此，不管是一个人的生活工作，还是多种活动的同时存在，建筑都是必不可少的，其不仅要有较强的实用性，还要以耐久性为前提基础，安全是其核心要义。我国的木材结构也充分展示了其突出的坚固性和安全性。例如，唐代南辰殿、辽代建仙寺等，至今已有几千年的历史，充分展示了木结构的坚固和安全。优秀的建筑作品，从古至今，数不胜数，比如中国的长城、纽约的摩天大楼及其他壮观的建筑，这些建筑本身的实用价值和深刻的艺术情怀，都让人们赞叹不已。

建筑，不像绘画、雕塑、文学、音乐等纯粹艺术，主要体现的是精神艺术。它始终是实践性与艺术性的结合，是物质与精神两大特性的融合，即在发挥物质的现实作用时，还需营造出一种美学氛围，用以震撼人的内心，诠释人对虚幻意识的渴望及人的审美需求。

比如，花园是一个供人们玩耍和欣赏的艺术娱乐场所，可以满足现实和精神的审美需要。另外，像苏州的古典园林，其中所有的建筑都完美地融合了实用性与艺术性，充满了自然、优雅的艺术气息。该园林也因此备受青睐。若想让建筑在具备实用性的同时，兼具美感，就一定要营造出以实用性为基础的艺术氛围。

比如戏剧与舞蹈，这些艺术的表演都少不了特定的剧场及舞台氛围，在普通住宅和艺术画廊观看艺术作品的艺术效果是完全不同的。可以说，实用功能和艺术审美既是不可分割的，也是相互协调的。建筑材料是传达艺术的媒介。之所以会形成建筑艺术是因为建筑材料本身的实用性与艺术性。

从实践到艺术的转变，建筑材料经历了多种发展阶段，因此，物质本身的实用特性与其在精神层面的艺术审美对人类的生存与发展有着至关重要的意义。古罗马著名的建筑师维特鲁威就曾明确指出，建筑的基础原则是坚固、实用，就像他在威尼斯的居所一样。另外，英国建筑作家沃顿爵士在其《建筑学要素》中说道："建筑，就如同其他创意艺术一般，必须以创造高质量的建筑为创作目的。"而这样的建筑必须具备以下三个特点：一是实用；二是坚固；三是美观。

## 三、建筑材料的技术发展方向

建筑师对于建筑材料的运用可谓是永不停歇，从古代的砖石到古罗马的火山灰，建筑材料和技术的进步每次作用在建筑上，都会发生一次大的改革。基于此，我们可以对建筑材料的技术发展方向做以下预测。

### （一）现代性

随着时代的进步和生活水平的提升，各种社会焦点问题集中凸显，人们对生活和生存环境有了更为多样的需求。这些需求反而不是传统建筑材料如土、木、砖、石等所能满足的，新型建筑材料的出现，则能满足人们对多样性功能的需求。

### （二）多功能化

城市空间是有限的。一种建筑材料能够同时具备轻度、强度、保温、防潮等多方面性能，这是新型建筑材料所独具的。

### （三）复合化

随着世界各地交流的日益广泛，人们不停地追求多样性的功能复合叠加，建筑材料是建筑设计的基础，如在北极享受热水澡、在赤道滑冰等，这些都会对建筑材料和技术有很大的要求，即一种材料需兼具多种综合性能。

### （四）绿色环保

如今，随着人口的上升及自然环境的变化，节能减排已经成为我们每个人不得不考虑的问题，绿色节能不仅从个人的可持续发展来考虑，同时也要从整个长远的角度去考虑如何实现可持续性发展。

# 第二节　建筑工程的技术经济指标与经济性评价

## 一、建筑工程的技术经济指标

### （一）技术与经济之间的关系

#### 1. 技术

技术有狭义与广义之分。狭义的技术一般是指劳动工具的总称，或者是人类从事某种活动的技能。广义的技术是指人类认识和改造客观世界的能力。技术泛指依照自然科学基本原理和生产实践经验发展而成的一切操作方法和技能，是一定时期、一定范围的劳动工具、劳动对象和劳动者经验、知识、技能有机结合的总称。

技术是多种多样的，生产生活中的技术大致可分为两类：一是体现为机器、设备、厂房、建筑物、原材料、燃料与动力等的物质形态技术，又称硬技术；二是体现为工艺、方法、配方、程序、信息、经验、技能、规划和谋略等管理能力的非物质形态的技术，又称软技术。

#### 2. 经济

"经济"的含义很多，是个多义词，归纳起来主要有三方面的意思：一是生产关系的总和，如经济基础、经济关系；二是一国国民经济的总称，如集体经济、工业经济、建筑经济等；三是节约、节省、是否合算。技术经济学中的"经济"主要是指后两种意思。

#### 3. 技术与经济的关系

在人类的社会发展中，技术与经济是相互联系、相互促进、相互制约的。正确处理技术与经济的关系，是研究技术经济的出发点。

首先，经济方面的需要是技术进步的动力和方向。任何一项新技术的产生和发展都是由经济上的需要引起的。经济发展是推动技术进步的动力。技术进步既能引起劳动资料、劳动对象、劳动者素质的变革，同时又能促进组织与管理的变革。人类迄今为止的三次世界性的重大技术革命导致了生产手段和生产方法的重大变革，有力地推动了生产的发展和社会的进步。

其次，技术的发展又受到经济条件的制约。技术的发展除了取决于经济上的需要之外，还受到经济条件的限制。因为任何技术的实现都需要耗费人力、物力和财力。先进的技术只有同一定的资源、资金、劳动力和各种有关的经济因素条件相结合，才能取得良好的经济效果。任何新技术的应用都要从实际出发，因地制宜。例如，某种技术在某种条件下体现出较高的经济效果，而在另一种条件下就不一定是这样。又如，从远景的发展方向来看，应采用某种技术，而从近期的利益来看，则需采用另一种技术。

最后，技术与经济具有统一性。技术作为人类进行生产活动的手段，其经济目的十分明确。对于任何一项技术，在一般情况下，都不能不考虑其经济效果。脱离了经济效果标准，技术是好是坏、是先进还是落后，都不易判断。技术与经济的统一性主要表现在技术先进性与经济合理性一般是相一致的，换句话说，凡是先进的技术，一般总会具有较好的经济效果，而较好的经济效果又能证明它是先进的技术。

## （二）技术经济指标的基本概念

根据学术界对于技术经济指标的解释，该指标直接反映生产技术和经济在某一个范围内的数值。技术经济指标在日常工作中的应用较为频繁，在很多新闻报道中经常出现。该指标可以表述为三种不同的形式，分别是绝对数、相对数与平均数。其中表述为绝对数的有工业总产值的钢产量指标，而表述为相对数的有产品利润率，表述为平均数的有劳动生产率。

在建筑工程管理中，技术人员通常使用技术经济指标作为现阶段对工程项目进行计划与管理的重要工具。

当前，建筑行业的发展需要使用技术经济指标作为现阶段提升工作质量的重要方式。技术人员在使用技术经济指标的时候需要遵循三个重要特性，分别为科学性、实用性与可比性。

## （三）建筑技术经济指标的编制

### 1. 基本原则

（1）样本工程的选择应具备普遍性和代表性

在建筑工程建设前期，编制建筑技术经济指标时，选择样本工程非常重要。在选择样本工程时，应保障样本工程具有普遍性和代表性，且样本工程内容符合本地区项目建设，保障技术经济指标的可行性。同时在选择样本工程时，应保障样本工程建设满足即将建设的工程施工需求，以此保障建筑技术经济指标的合理性。

（2）建筑技术经济指标应随市场变化而变化

在编制建筑技术经济指标时，受市场经济的影响，建筑工程建设所需的各种材料、机械及人工劳动力等的价格在不断变化中，对建筑工程造价造成较大影响。因此，在相关人员制订建筑技术经济指标时，应根据市场经济变化调整指标，以此保障建筑技术经济指标实现最佳的造价控制效果，保障建筑单位经济效益最大化。

（3）建筑技术经济指标应反映建筑工程投资变化

在编制建筑技术经济指标时，相关人员应保障建筑技术经济指标能够反映建筑工程整体投资状况，反映建筑工程各个阶段不同投资，甚至是建筑工程建设的投资变化。只有全面展现建筑工程建设概况，建筑技术经济指标才能够更准确地应用于造价控制中，推动建设企业向前发展。在建筑工程建设中，建筑技术经济指标是建筑工程后期投资的数据依据，而建筑工程投资金额需要建立在建筑技术经济指标的基础之上，以此将建筑工程建设投资的全部变化展现在经济指标中，实现造价控制。

### 2. 调整与修正

技术经济指标是指根据过往工程的造价与技术数据，通过一定的规则分解工程费用或者工料消耗量，之后与相应的建筑部位规模相除，最终得到的数据。在造价控制中，运用技术经济指标时，相关人员需要根据案例工程与待建工程间的差异进行调整，须知每一工程项目都有其特定的存在背景，地质条件、气候环境、设计风格及市场价格等均不尽相同，因此，相关人员应根据详细的背景情境与建筑特征，找出与待建项目之间存在的差异，并根据技术经济指标进行修正。

（1）根据案例工程与待建工程本身的性质差别调整技术经济指标

建筑本身特点决定了建筑工程造价，具有不同功能、不同构成的建筑，其造价也相应不同，因此，为降低工程成本，在分析工程造价期间，应对其进行分类处理。例如，在建设发电厂期间，电厂不同部门间的工程构造存在较大差别，即使是同一部门，不同时期技术经济指标也相应不同，因此在编制技术经济指标时，应分类处理，以保障技术经济指标的有效性。

（2）根据案例工程与待建工程环境不同调整技术经济指标

在工程建设过程中，建筑环境是影响工程造价的重要因素之一，建筑环境主要包含自然环境与社会环境。自然环境主要包含地质、水文、气候等，如某建筑单位在道路工程建设时，若出现软土地基处理，则在人力、物力、财力方面的消耗都将普遍提高，直接导致工程造价增高。由此可见，自然环境的变化对经济指标的影响显著。社会环境主要包含劳动力、材料市场等，在工程建设中，若市场发生变化，则极易造成工程造价的变化，由此可见建筑环境的重要性。因此，在编制技术经济指标时，编制人员应严格重视建筑环境的变化，并根据环境变化调整技术经济指标，保障技术经济指标在成本控制中起到最佳效果。

（3）根据案例工程与待建工程施工方法调整技术经济指标

在工程施工中，案例工程与待建工程之间总是存在着一定的差异性，因此，在编制技术经济指标时，编制人员应综合考虑各方面的因素，深入了解案例工程与待建工程间的差异，并调整经济指标，有效控制工程造价。一般来讲，建设工程周期长，涉及的因素较多，因此，在工程造价管理中，面对多样性建筑工程造价，编制人员需要考虑多种因素调整技术经济指标，使技术经济指标满足项目前期估算的需求，降低工程前期造价，提高企业经济效益。

## （四）建筑技术经济指标的作用

### 1. 建筑技术经济指标在造价控制中的作用

一般来说，在建筑工程当中的不同阶段都存在着不同的技术经济指标，对整个工程造价控制的作用十分突出。

（1）建筑工程项目决策阶段技术经济指标的作用

对于建筑工程项目决策阶段的技术经济指标来说，其在最初阶段对整个建筑工程项目建设当中所需要的成本进行预估，并以此对造价进行控制。这主要是由于建筑工程项目建设的决策阶段属于项目施工的前期，具有较大的浮动空间，相关工作人员可以根据施工的实际情况进行不同方案的设定和调整，从而更加合理地在决策阶段进行造价控制。另外，在建筑工程项目的决策阶段进行合理的造价控制，能够有效提高决策阶段的水平，促使项目建设整体上更加符合实际需求，最大限度地使用最低成本进行更高质量的建设。

（2）建筑工程项目设计阶段技术经济指标的作用

对于建筑工程项目设计阶段的技术经济指标来说，限额设计是造价控制的最主要方式。相关资料显示，在建筑工程项目中，设计阶段所占用的费用仅为全部工程项目费用的1%，这对于工程建设成本来说是十分小的比例。但是，如果该设计为正确的、科学合理的设计时，那么，设计阶段技术经济指标的重要性就能够明显地体现在整个工程的造价控制当中，所占比例大致为70%。由于建筑工程项目所涉及的项目类型多种多样，所以，在进行造价控制时，所考虑的内容也有所不同。例如，平面设计、建筑设计、材料选择等均是设计阶段要考虑的内容。建筑工程项目设计阶段的技术经济指标是有效进行造价控制的重要因素，因此，更好地确定其合理性就显得十分必要。

（3）建筑工程项目招标阶段技术经济指标的作用

对于建筑工程项目招标阶段的技术经济指标来说，投标企业在进行相应的招标之后，需要根据招标的内容进行投标，同时，投标单位也需要对建设工程项目招标阶段的技术经济指标进行深入的研究和分析，只有这样才能更好地制定出合适的投标价格。因此，根据建设工程项目的具体特点进行招标方案的制订就显得尤为重要，换个角度来说，根据投标单位的投标方案进行招标，并将一定的招标阶段技术经济指标应用其中，可以大大增加工程项目招标阶段的中标率，为企业带来效益。

（4）建筑工程项目施工阶段技术经济指标的作用

对于建筑工程项目施工阶段技术经济指标来说，由于施工阶段在整个工程项目中处于一个极其重要的地位和作用，成本和费用大部分都用在施工阶段，所以，施工阶段需要更好地进行造价控制。一般来说，在施工阶段，非可控的因素较多，会给工程的施工过程带来不同程度的风险，技术人员通过对施工阶段技术经济指标的分析和计算，选择最佳的施工方案，能够最大限度避免风险、节省施工成本，进而对工程造价进行控制。

（5）建筑工程项目竣工阶段技术经济指标的作用

对于建筑工程项目竣工阶段的技术经济指标来说，竣工阶段技术经济指标应用在施工建设之后，起到的作用是对固定资产进行计算及对投资的效果进行分析。建筑工程项目竣工阶段的技术经济指标能够有效反映出整个施工建设的投资成果和实际造价结果。

## 2.建筑技术经济指标对施工图设计的作用

（1）建筑技术经济指标为施工图设计优化提供依据

施工企业在获得施工图后，大多数人并非专业的设计人员，单凭图纸并不能确定施工图设计的优劣，也不能明确说明施工图设计是否合理，这时需要辅助的方法来给予明确的说明，利用建筑技术经济指标是最具有说服力的辅助方法。具体的做法是，在进行施工图预算的同时编制建筑技术经济指标，将编制好的建筑技术经济指标与类似的某个项目或多个项目的技术经济指标进行比较，通过比较可以明确该施工图是否需要进行优化调整。由此可见，建筑技术经济指标可以为施工图设计优化提供明确的依据。

（2）建筑技术经济指标为施工图设计优化的合理性提供依据

施工企业在明确进行施工图设计的优化后，在优化过程中或优化后，同样不能单凭图纸来确定施工图设计优化是否合理，这时同样需要利用建筑技术经济指标来明确施工图设计优化是否合理，具体的做法是，利用优化好的施工图编制技术经济指标，并与优化前的建筑技术经济指标或类似项目的建筑技术经济指标进行比较，通过比较可以明确该施工图优化调整是否达到了预期的效果。由此可见，建筑技术经济指标也可以为施工图设计优化的合理性提供参考的依据。

# 二、建筑工程的经济评价

## （一）经济评价的基本概念

经济评价是指在可行性研究中，对拟建项目方案计算期内有关技术经济因素和项目投入与产出的有关财务、经济资料进行调查、分析、预测，对项目的财务、经济、社会效益进行计算、评价，分析比较各个项目建设方案的优劣，从而确定和推荐最佳项目方案的过程。经济评价是项目可行性研究的核心内容，其目的在于避免或最大限度地降低项目投资的风险，明确项目投资的财务效益水平和项目对国民经济发展及社会福利的贡献大小，最大限度地提高项目投资的综合经济效益，为项目的投资决策提供科学依据。

## （二）现代建筑经济评价的原则

由工程经济学可知，建筑工程经济评价指标有很多，其中价值型指标包括净年值、净现值、费用年值、费用现值，比率型指标包括净现值率、投资收益率、外部收益率和内部收益率，时间型指标包括静态投资回收期和动态投资回收期。

在对建筑进行经济评价时有以下几个原则。

①评价指标个性化原则。因为不同地区的地理、气候、人口等各因素不同，所以对建筑评价指标的要求也各不相同。建筑追求与自然和谐，基于此，评价指标追求个性化。

②建筑"有无"对比原则。现代建筑是在传统建筑上发展起来的，其不能脱离传统建筑而自成体系。与一般建筑进行比较更能体现其优势所在。

③从全寿命周期角度进行评价原则。现代建筑节能技术的运用，使得建设项目前期投入增大，但节能经济效益在运营期能体现出来。因此，我们要从全寿命周期角度，对绿色建筑前期增量成本和后期的节约效益进行经济分析，进而评价现代建筑节能技术的经济性是否合理。

## （三）建筑工程经济评价的目的

建筑工程经济评价就是对建筑工程技术方案（包括工程设计、施工及其他技术措施等）的经济效益进行计算评价和分析比较。设计和施工对建筑工程项目的技术经济效果都有重大的影响，因此，对设计与施工方案必须进行技术经济分析。其目的有以下几点：

①鉴别各种方案在功能上的适用性、技术上的先进性和可行性，以及经济上的合理性；

②选出技术经济效果最优的方案，作为决策的依据；

③促进设计和施工水平的不断提高。

## （四）建筑技术经济评价的基本要求

### 1. 价值性

建筑产品的经济效果是劳动成果与社会必要劳动量之比，即使用价值与社会劳动消耗之比。使用价值表现为质和量两个方面。例如，住宅建筑的使用价值就是在相同的使用功能情况下的使用面积和数量或户数。使用价值将以相同的建筑功能质量、相同的舒适程度和建筑标准等作为可比条件。因此，住宅建筑的技术经济评价应以更能体现使用价值的使用面积或有效面积为主要指标。

### 2. 统一性

在评价建筑物的诸因素中，"适用"是首要的，占主导地位。评价一个建筑物在经济上是否合理，首先要看它是否适用。不适用的建筑，有的会影响生产而造成产品成本的增加，有的会妨碍使用而减少效益，有的甚至因不坚固耐用而增加维修经费、缩短使用寿命。这些都将导致不经济的后果。因此，适用是讲求经济的前提，离开了这个前提，就谈不上经济合理性。

我们既要反对只图一时节约而建造简陋的建筑，也要反对那种认为只有多花钱才能使建筑适用和美观的片面观点。我们主张建造适用、经济又具有一定建筑艺术效果的建筑，而反对华而不实、挥霍浪费，即应坚持美观与经济的统一。一座好的建筑，应是适用的、经济的。

### 3. 可比性

没有比较就没有鉴别，也就不知其好坏。但是，在对多种建筑技术方案进行比较时，必须具有对比的条件（可比性）。然而，各个技术方案的技术经济构成因素往往不同，这就需要在它们之间找出内在因子，将不可比的条件转化为可比的条件，方能进行比较。

# 第三节　建筑设计中的经济性分析

## 一、基于经济性角度的建筑设计理念

在社会生活中，建筑发展一直都是助推社会向前进步的关键性力量。建筑的整体经济性引起了广泛的关注。在工程建设中，建筑设计直接关乎工程投资、资源消耗等。所以，在设计阶段，应认真研究经济性，积极引进现代化的设计理念及基本原则，朝高科技、集成方向来不断深化发展建筑工程。

### （一）充分融合先进技术和可行性经济

在建筑工程中，为了选择技术体系，就应先考虑好经济环境。但在建设实践中，却有一味地崇尚豪华、追逐最新潮流的现象，甚至还有出于权贵思想的"标新立异"。在现实条件、经济有效性方面，没有进行深入分析，研究的设计思路并没有客观性。而高技术类建筑在西方国家广泛兴起，并且和经济基础的深厚性难以分开。当前，我国经济和这些国家相差甚远，在建筑创作中无视该差距，只会带给开发人员、使用人员过重的负担，并且助长非正常之风。在现代化的建筑设计中，我们应及时消除低成本、低效益的落后发展思路，严禁不顾经济而一味地追求高新科技的做法，应考虑好现代化技术的可行性，走出一条适合自己的技术发展之路。

## （二）统一协调"经济适用"与"美观大方"之间的关系

作为国内建筑方针之一，"经济适用""美观大方"可以准确体现当前经济形势下的建筑设计规律及规范标准。然而，伴随社会的变迁，"经济适用"与"美观大方"之间的关系也应基于发展眼光来准确权衡。其中"经济适用"与经济条件相对，在发展社会经济的过程中，会改变"经济适用"之内涵，不一样的对象就有其对应的"适用性"要求。同时，审美规范标准也并不是一成不变的，而是会伴随时代向前推进而改变。

## （三）统一社会经济效益和环境效益

在建筑设计中，经济效益的具体含义需要从以下两方面来深入理解：一方面，在建设过程中，投入资金所获得的经济回报；另一方面，在整个建筑寿命周期中，更加高效地使用社会资源。经济回报的增大，可以有效促进建筑进一步延续发展。而在优化社会资源、高效利用能源的过程中，建筑工程还应从粗放型逐步向集约化发展，并且走可持续发展之路。

# 二、基于经济性角度的建筑设计基本原则

## （一）"少费多用"原则

"少费多用"原则，是指通过行之有效的措施，尽量少消耗材料、资源，获得更可观的效益。在当前人类发展和能源危机越来越矛盾的情况下，少费多用就是一条很关键的设计原则。据相关研究，少费多用原则最典型的表现就是在空间结构和材料应用上的创意。例如，短杆网架结构作为一种常用的空间围合结构，除了最高效、最轻、最有力外，还可以在大小、造型、材料上灵活选用，并且廉价、便捷。

此外，自成型结构、摩天楼结构也都从一定程度上诠释了"少费多用"原则。而"少费多用"常常还表现在组织空间、高效利用等方面，能有效发挥面积的整体作用，并可深入发掘三维空间的作用。

## （二）适宜性原则

### 1. 社会人文因素的适宜性

在建筑设计中，应注意综合考量审美、习俗、信仰、价值观等社会人文因素的作用。仅仅控制技术的合理性，却忽略社会人文要素，这样设计出来的建筑往

往难以获得用户认可，有时还和经济实用性要求相背离。在历史上，某些住宅区的命运对片面追求经济性、忽略人文因素的思路发出了警告。所以，在建筑设计中，应注意适合人文环境，凸显社会价值和整体经济性。

### 2. 经济发展的适宜性

在建筑设计中，应注意控制方案的可行性、有效性、经济性。当前，一些发展中国家的先进设计实践对我们有着良好的启示。例如，土耳其某度假村、印度新德里的办公楼等，均先从该区域的真实情况出发，在允许的经济范围内，借助传统专业技术或者中间专业技术，设计出了理想化的建筑实例。以上与现代化高新科技并行的适宜性专业技术思路，赢得了广大设计师的一致认可。

### 3. 自然条件的适宜性

在建筑设计中，应注意融合环境气候、地质条件、地形地貌等，从而优化建构方案，以减小建筑能耗、物耗。当前，结合自然、气候来设计规划已逐步变成建筑设计中的基本出发点之一。例如，有些生态建筑是基于自然环境方面的分析而逐步发展起来的。

## （三）集约化原则

### 1. 集约化利用能源

在建筑设计中，必须从有关技术的进步出发，进一步集约化利用能源。此外，还应与自然气候有机结合，充分发挥地热能、风能、太阳能等的作用，以避免消耗不必要的不可再生能源。实践研究显示，通过融合现代化的专业技术与自然气候来优化设计建筑，可以大致削减60%的空调能耗、超过50%的人工照明整体能耗。

### 2. 集约化利用水资源

因为水是人类相当有限的一种资源，所以在建筑设计中，必须有效处理废水，及时收集净化雨水，分开设计重复循环用水与其他用水体系，并且大量引进各式各样的节水设备设施，以严格控制用水量。例如，很多高层建筑积极引进"中水道"专业技术，对生活污水进行治理和回用，以进一步增强集约化用水的效果。

# 第五章　建筑节能设计与环境效益分析

能源是人类生活中不可或缺的一部分。人类的生活与能源有着密不可分的联系，而能源对社会的稳定也会产生重大影响。当前，能源已成为维持和刺激社会发展的重要资源之一。能源消耗少和提高内部环境质量的建筑不应该只成为一个时尚的建筑趋势，而应该当作一种典型的建筑类型，从而把提高建筑的能源效率作为未来发展节能建筑的一个重要目标。本章分建筑节能设计能耗分析、建筑节能设计热舒适分析、建筑环境效益分析三部分，主要包括建筑能耗现状、建筑能耗的分析方法、建筑能耗的主要影响因素、建筑节能途径、热舒适的概念、影响热舒适的因素等内容。

## 第一节　建筑节能设计能耗分析

### 一、建筑能耗现状

在全球经济平稳发展的大背景下，许多行业对能源产生越来越高的依赖，导致能源消耗量日益增大，尤其是建筑业，这使得现有的各种能源难以满足人们的需求，最后导致的一个结果就是经济的发展受到能源的阻滞。

在此背景下，积极发展新能源与节能技术已经成为当前世界各个国家的共识，建筑领域也开始积极创新节能降耗技术。很多国家陆续出台了多种政策性措施以引导节能降耗技术的发展，制定了认证程序来评估建筑的环境可持续性，旨在减少建筑在建造、管理和运营阶段的能源消耗。

低能耗甚至于零能耗新型建筑体系的出现和发展，显著降低了建筑的多元化需求，提高了建筑在不同气候环境下的适用程度和节能水平，如在提高气密性、保温隔热性方面有很大优势，同时在碳排量、建筑能耗等方面表现也较为出色。

目前，我国提出要实现"碳中和"这一目标。如何使建筑能耗合理有效地降低是实现这一目标的有力抓手。

## 二、建筑能耗的分析方法

### （一）建筑负荷计算法

建筑负荷计算法是能耗分析最基础的分析方法，在计算过程中，涉及建筑围护结构传热性能、室外太阳辐射和室内家具摆放情况等多个因素，其方法按大类分为静态分析方法和动态分析方法。

**1. 静态分析方法**

静态分析方法相对简单，考虑因素较少，计算粗略，速度快，且适合初步简单的手算。此方法主要被探讨能源趋势变化等要求不高的研究者采用。

**2. 动态分析方法**

动态分析法相比静态分析方法而言，精细准确，充分考虑对建筑能耗影响的相关因素，逐时计算，多利用现今成熟的计算机模拟技术。

### （二）计算机仿真模拟法

计算机仿真模拟法在现今研究建筑能耗问题上利用较多，对建筑的能耗分析和节能指导起到很好的作用。建筑物的热湿过程较为复杂，且研究过程中涉及外部环境因素和室内变化情况等影响因素众多，计算过程烦琐，数据公式庞大。随着计算机技术的不断发展，利用计算机代替人工计算，效率大大提升，更是在考虑各项影响因素的基础上能综合全面，在生活中的作用不容小觑。建筑能耗模拟仿真软件既可进行顺序模拟也可进行同步模拟，既可进行单因素考虑也可进行综合考虑。

建筑能耗模拟软件可以进行建筑能耗特性分析、建筑的冷热负荷计算、控制系统设计及建筑能源管理等方面的工作。

### （三）现场试验检测法

建筑能耗分析还有一个较为重要的方法就是现场试验检测法，该方法主要采用相关的设备（如温度计、热流量计）和耗电统计来估测建筑的能耗情况。在试验检测中，建筑情况的复杂程度、仪器设备的精度和检测方式等对最终结果影响较大，因此，此方法相对精确度低。现场试验检测法主要用于节能效果和节能验收的初步估测。

## 三、建筑能耗的主要影响因素

### （一）宏观角度

#### 1. 建筑围护结构本身的因素

建筑围护结构本身的因素，主要包括建筑围护结构的材质、建筑的窗墙比、建筑的外形等因素。一般来说，建筑围护结构墙体比混凝土墙体的保温隔热效果差，窗墙比较大的建筑其保温隔热效果也比较差，因此这类建筑的能耗会比其他建筑的大。除此之外，建筑能耗也受到建筑外形的影响。建筑围护结构本身的因素在很大程度上由设计阶段决定，所以设计阶段的能耗模拟分析对减少建筑的能源消耗有重要作用。

#### 2. 建筑内部因素

建筑内部因素，主要包括室内照明、空调、电脑等电气设备的运行功率和时间，室内温度、设备的散热量、单位面积的人员数量及工作时间等因素。建筑内部因素将直接影响建筑的能耗，优化建筑的这些内部因素对减少建筑能耗有显著效果。

#### 3. 建筑外界因素

建筑外界因素，主要包括室内外温差、通风、相对湿度、太阳辐射强度等因素。建筑外界因素一般都是通过与围护结构的热交换或对流间接影响建筑能耗的。

### （二）微观角度

#### 1. 建筑平面形式

在我们日常生活中，建筑平面形式多设计为较为规则或简单的图形形式。而相对较为复杂的平面设计可能出现在某城市标志建筑或者大型体育馆、展览馆等公共建筑中。

根据相关资料，H 形平面设计形式的建筑能耗最大，而长方形最小。建筑总能耗取决于建筑的平面规整度，一般越对称规整（形如圆形），越有利于节能，最终趋于某一定值。

#### 2. 建筑的窗墙比

建筑的窗墙比 = 窗户面积 / 墙壁面积。建筑的热损耗量多数是从门与窗的缝隙和围护结构传热渗透掉的。在这些损耗的能量中，围护结构占 70% ～ 80%。

建筑的围护结构主要由门、窗、墙和屋面组成，其中外窗相对其他围护构件而言，是节能的最薄弱部分，也是建筑得失热量的重要影响因素。一般情况下，外窗与墙体两者的保温性能相差悬殊，而且窗与墙镶嵌的四周容易出现冷热桥现象，因此，外窗面积占比越大，能耗损失也就越严重，越不可控。在进行建筑节能设计时，设计人员必须考虑窗墙比对建筑能耗的影响。

由于门窗能耗的占比是建筑能耗中最高的，且门窗的传热系数也是建筑围护结构中最大的，所以门窗的结构设计相较于墙体等围护结构就更加复杂。传热系数较低的外窗在降低建筑能耗方面有优秀的表现，而通过对外窗材料等进行优化性改造不仅可以减少建筑成本，还具有较好的环保属性。

建筑的围护结构在夏季时段所消耗的冷负荷中，超过 50% 都是由热量通过外窗玻璃传进室内所导致的；而减少冬季采暖能耗的策略在于尽可能地避免通过外窗发生室内外热量交换，增加透过建筑外窗的太阳辐射热量，以保证太阳能的利用效率最大化。

### 3. 建筑的体形系数

建筑的体形系数（形状因子）按照相关规范条文：建筑层数在 3 层以内时，建筑的体形系数不超过 0.55；建筑层数在 4 ~ 11 层时，建筑的体形系数不超过 0.40；建筑层数在 12 层或 12 层以上时，建筑的体形系数不超过 0.35。平面尺寸、平面形状和设计高度决定建筑的体型系数。建筑宽度与长度决定相关因素，因此，在进行设计之初，应重点控制好建筑房屋的进深和面宽尺寸。面宽越大，建筑采光越好，得热越多，且室内自然通风效果越佳。然而，建筑房屋开间过大，家具摆放不方便且不美观；相对面宽小进深大的建筑类型，既提高了建筑的密度，也增强了容积率，同时，小面宽削弱了外墙与室外的接触面积，节能效果较好。与此同时，建筑物应该拥有一定的建筑层高，以满足人们对空气、阳光的需求。从经济学角度出发，建筑房屋的层高与造价和能耗也密切联系。层高越低，室内空间相对越小，墙壁材料越少，既可减少建筑成本，又可降低采暖负荷和空调负荷，对节约建筑能耗非常重要。根据国家相关规范，建筑层高不宜超过 2.8 m，设计过程中应注意控制层高。生活中的常见建筑，通常层高一般采用 3 m 左右。

### 4. 建筑的围护结构

建筑的围护结构一般包括窗、屋面、墙和地面。根据相关资料，建筑能量主要是通过其围护结构散失掉的，因此分析建筑节能必须考虑围护结构的热工性能和构造形式与能耗的关系。

前面提到的建筑的窗墙比、体形系数等相关因素对建筑能耗的影响都是从设计角度出发展开分析的。然而，围护结构材质的选择（如新型材料、墙体构造形式等）对建筑节能影响也同等重要。

在建筑的整个围护结构的耗热量中，外窗和外墙的耗热量占比最大，提高外窗和外墙的保温隔热性能对整个建筑的耗热量将会有大幅度的改善。例如，在夏热冬冷地区的装配式建筑中，外墙占了围护结构的大部分比重，而围护结构是产生建筑能耗的重要因素。

## 四、建筑节能途径

### （一）常规节能途径

#### 1.被动节能技术

建筑设计阶段可能比建筑施工过程本身更为重要，因为在设计程序中犯下的错误或缺点将很难纠正，并且在竣工后不能修复。当今社会，随着社会知识的增长，越来越多的客户、建筑师、设计师在设计阶段就考虑节能问题，即使该建筑没有节能的计划。越来越多的人正在考虑建筑的正确形状或位置。

如果不理解建筑的基本概念，就无法进行设计。在确定建筑的主要类型及用途之后，通过对建筑类型、建筑形状、建筑布局、建筑朝向的分析，选择最合理的建筑项目来做设计。建筑形式和方向的选择主要基于在给定区域内给定气候条件下最有效利用自然采光和自然通风的可能性。正确选择建筑在空间中的方位，合理地布置建筑内部及正确选择窗户的位置和方位都有助于此。

此外，在炎热地区设计节能建筑时，抵御阳光是一个需要解决的问题。在这种情况下，设计师通常会使用绿化方式来进行遮阳。最常用的两种绿化方式是屋顶绿化和垂直绿化。另外，绿化还可吸收噪声、滞纳灰尘、净化空气、提高景观效果、改善生态环境。

被动节能技术的好处是可以通过减少制冷制热和照明系统的能耗来节省建筑运行经费，而且，中国节能建筑的实例已证实了这种观念。但是，被动节能技术的缺点是需要专门的设计师和更长的设计时间，同时较大的投资回报不明显。

建筑外围护结构节能技术是节能建筑的基本技术。该技术的原理是使用节能建筑材料，加强建筑外围护结构的隔热效果。无论是非常炎热的南部地区的建筑还是恶劣气候条件下的北部地区的建筑，都可使用节能技术来围护建筑，这种技术在夏天可以保护建筑免受太阳辐射并防止建筑过热，而在冬天则可以帮助建筑在环境中不损失热量。在建筑外围护结构中使用节能材料时，最重要的是要根据建筑外围护结构的所需参数、建筑外围护结构的适当厚度及制造商指定的隔热材料的参数，正确计算出给定气候条件下特定类型建筑的隔热材料的所需厚度。优点是在建筑外围护结构中使用节能材料有助于创造、提供和维持舒适的室内条件，对人们的健康产生有益的影响。

此外，建筑外围护结构节能技术有助于减少建筑能耗，并可由此减少建筑的运行成本。该技术的缺点是由于节能材料的成本较高，因此需要大量投资。由于对所用材料和技术的不完全了解，还可能在建筑物运行期间出现问题。

在建筑领域，窗户问题一直是个非常严重的问题。外窗户的主要问题是窗框和窗户玻璃本身。经过市场分析，窗户市场很明显已经发生了很大的变化。基于技术和公共福利的发展，现在有大量不同的窗户。但是现代市场上各种各样的窗户引发了关于使用每种类型窗户的正确性和必要性的更多辩论。"双层皮"幕墙系统和双向通风窗是两种最常见的窗户类型。建筑常用"双层皮"幕墙系统。该系统由两层幕墙组成，在两层幕墙中间保持一个空气层。由于能够控制空气的进风设施和排风设施，因此该系统可以调节空气的温度。这样一来夏季可以避免建筑过热而减少通风系统的负荷，冬季则可以积聚热量，从而减轻供暖系统的负荷。此外，该系降低了噪声压力水平。缺点是清洁建筑的门面费用增加，以及安装"双层皮"幕墙的价格比安装传统门面的价格高 $1.5 \sim 2$ 倍。

建筑还可使用现代创新的窗户——双向通风窗。主要特征是把风机直接安装在窗体上，在每个通风通道入口安装空气过滤器。该通风窗带有热量回收功能。风机将外部空气提供给房间，而房间中的脏空气则通过排气风机排出，在送风和排气之间通过夹层玻璃热交换器可以节省热量或降低温度并调节气流温度，同时可以吸收太阳辐射的热量，并进一步调节空气供应的温度。每个通风管道均装有空气过滤介质。这种窗户有节约新风能耗的优势。双向通风窗通风能够向室内提供稳定的通风量，通过这个通风窗室内空气质量才能得到有效改善。使用这种类型的窗户时，因为它的价格比传统窗户贵，所以应单独计算每个建筑项目。

### 2. 主动节能技术

热源的问题基本上是中国北方地区需要考虑的问题，南方地区大多不需要供暖，因此不太注意热源的问题。大部分相关供热技术和供热设备效率的研究也都是针对北方地区的。由于冬天寒冷，北方地区高度重视供热问题。整个供热采暖系统由热用户、热网、热源三大部分组成。节能工作也应从这些方面做起。供热设备是非常重要的能源消费设备。中国很多地区目前仍以集中燃煤锅炉供热为主。锅炉房热源的节能措施主要是提高能源转换的效率，包括提高锅炉和换热站内换热器的效率、降低输送系统的能耗。为了实现这些目标，常用改进的节能隔热材料和绝缘材料。使用节能的隔热材料（尤其是隔热管道）是减少热量损失并提高能源效率的最有效方法。锅炉选型的时候，要注意选择高设计效率锅炉，加上合理的组织运行。为了增加最终用户（房屋租户）的舒适度，在散热器上可以安装手动或自动空气温度调节阀。

此外，新型热源技术，如地热、热泵技术等也正在逐步发展。气候炎热地区的人们反倒很重视冷源，在高温地区创造舒适条件的主要任务是抵消建筑物的过热并保持室内凉爽的空气温度舒适。据统计，现代建筑中空调的范围正在逐渐扩大，这也是因为社会的不断发展。因此，必须在空调系统中推广节能技术。空调冷水机组的台数是影响制冷系统能耗的重要因素之一。为了满足建筑中不同的负载要求，可以通过调节空调冷却器的台数来控制系统的冷却。空调系统中的冷水机组是一个较大的用能设备，其能耗量占到空调系统总能耗量的 60% ～ 70%，负荷效率及能耗是冷水机组节能的主要对象之一。因此选用 COP 和 IPLV（空调系统最重要的参数）较高的机组对节能有较大帮助。

无论在炎热或寒冷的地区建造节能建筑，所有公共和工业建筑以及部分住宅建筑都需要通风系统。通风系统能够从建筑物中抽出脏的空气，并为室内提供清洁的新鲜空气。通常通风系统会包括空调系统。因此，通风系统是非常重要的，对于建筑的正常运行几乎是必不可少的。

如今，热回收系统已广泛用于民用建筑和工业建筑中。回收过程的实质是通过使用某些设备将部分能量返回以在同一过程中重复使用。回收系统可以再利用热能及冷能。根据热回收装置抽取的热量的不同，热回收可分为部分热回收和全热回收。根据使用场所的不同以及用户终端的具体需求，热回收装置可以采用多种形式，如管壳式、板式、翅片管式、套管式等。热回收机组有多种不同种类，包括转轮式全热回收器、板式显热回收器、板式全热回收器、热管式显热回收器、溶液吸收全热回收器、液体循环式显热回收器。

## （二）新型节能方案

### 1. 风能

由于对能源的需求不断增长，获取能源的所有替代方法都值得关注，风能也不例外。风能是一种不损害环境、不产生有害排放物的替代性能源，另外，风能的储量非常大。风能可用于产生电能，随后可将其用于多种目的，包括用于照明、加热、冷却等。使用风能的原理是将风的动力转换为机械能，然后将机械能转换为电能。风力发电机利用的就是这种工作原理。

目前，风能已经取得了一定的成果，在强风地区，大型风力发电机已经开始用于发电，如为村庄或工业发电。然而，根据相关数据，使用小中型发电机产生电能对于高层建筑尤其有意义。当发电机位于高层建筑物的屋顶或者高层建筑物之间时，由于高度上的大风压和大气流，可以获得足够的电力。另外，在建筑物中使用小型风力发电机具有许多优点，如易于安装、占地面积小、无噪声、成本低等。

2. 太阳能

太阳能与常规能源对比有三大优点：能源蕴藏丰富、适用普遍广、使用安全环保。因此，太阳能的使用已在环境保护、安全和节能领域中得到了适当的应用。太阳能技术的应用和推广是社会发展进步的必然趋势。当前，太阳能的使用有两种主要类型：用于接收电能和用于接收热能。在建筑设计中，这表现为将太阳能用于热水、暖气和电能。

被动式太阳能采暖可根据太阳能的利用方式分为直接受益式（原理是直接利用南向大玻璃窗进行采光，将太阳光辐射能转化为热能，并采用保温性能好的建筑材料做墙体）和集热蓄热墙式（原理是利用集热蓄热墙，吸收太阳辐射能，将热能传递至房间内）。

3. 地热能及热泵技术

地热能是由地壳抽取的天然热能，这种能量来自地球内部的熔岩，并以热力形式存在。中国地热能的研究在20世纪70年代得到了广泛关注，到20世纪末，地热能研究已经取得了一定的成功，地热能产业开始迅速发展。地热能是可再生资源，人们对它的利用主要是通过地源热泵技术实现的。它通过吸收其他介质中的热能来加热冷水或冷气。按照地热能交换系统的不同类型，地源热泵系统分为地埋管地源热泵系统、地下水地源热泵系统和地表水地源热泵系统。

地源热泵的一个优点是它可以通过输入少量的高品位能源（如电能），实现低温位或高温位的能量转移。地源热泵的另一个优点是它能够从冬天的采暖模式切换到夏天的制冷模式：只需连接空调而不是散热器即可。地源热泵的缺点是设备成本高，安装地下回路的成本高且复杂。此外，使用地源热泵的效率取决于不同的气候条件，并且需要对使用合理性进行额外的分析。

# 第二节　建筑节能设计热舒适分析

## 一、热舒适的概念

热舒适是指使用者对所处温湿度环境的主观满意程度，主要受人体活动状况、服装热阻、空气温度、平均辐射温度、空气流动速度和空气湿度六个因素的影响。目前国际通用的热舒适指标为预计平均热感觉指标（PMV），该指标将人体热感觉分为 7 级标度，分别为很冷（-3）、冷（-2）、稍冷（-1）、中性（0）、稍热（1）、热（2）、很热（3）。当 PMV 值为 0 时表示室内环境最舒适。ASHRAE55 标准和 ISO7730 标准规定室内热环境舒适区间为 $-0.5 < PMV < 0.5$，我国《民用建筑室内热湿环境评价标准》（GB/T 50785—2012）规定，人群中 75% 感觉满意的热舒适范围为 $-1 \leqslant PMV \leqslant 1$。

热舒适是使用者对周围热环境舒适状态的主观评价，受到居住环境和身体条件的共同影响。人工气候室中的热舒适研究不能精确反映现实条件下衣服热阻、代谢率等因素，且未考虑情绪（性别、年龄和文化）、环境相互作用（照明、声学、室内空气质量）和认知（态度、偏好和期望）等条件，该热平衡模型反映的是人体对热环境的主观反应，以该热舒适模型建立的评价标准，不能反映人体通过生理调节、心理调节和行为调节等方式适应热舒适的过程。该标准下的热舒适温度，与实际环境下热期望温度存在差别。一些学者认为，人与热环境之间的关系是一种复杂的相互作用关系。当人对热环境不满意的时候，人会通过心理适应、生理适应及行为调节的方式与热环境进行交互作用，以达到接近或实现热舒适的目的。

## 二、影响热舒适的因素

热舒适主要受室内热环境、个体差异等因素的影响。

### （一）室内热环境

温度、相对湿度、空气流速等是影响室内热环境的主要因素。

### 1. 温度

《室内空气质量标准》（GB/T 18883—2002）规定，夏季室内热舒适温度区间为 22 ～ 28 ℃，冬季热舒适温度区间为 16 ～ 24 ℃。当室内温度低于 16 ℃或者大于 30 ℃时，会影响人体的正常活动并对身体造成伤害。

### 2. 相对湿度

《室内空气质量标准》（GB/T 18883—2002）规定，夏季室内热舒适相对湿度区间为 40% ～ 80%，冬季热舒适相对湿度区间为 30% ～ 60%。当室内相对湿度低于 20% 时，人体会出现皮肤干燥、咽喉疼痛等状况，当室内相对湿度大于 80% 时，人体会觉得闷热。研究表明，相对湿度为 50% ～ 60% 时，人体最舒适。

### 3. 空气流速

室内空气流速能够通过影响人体排汗进而影响热感觉。《室内空气质量标准》（GB/T 18883—2002）规定，夏季室内空气流速的舒适值为 0.3 m/s，冬季室内空气流速的舒适值为 0.2 m/s。空气流速过低不利于人体排汗。

### （二）个体差异

个体差异对热舒适的影响主要表现在以下几方面。

①衣着情况。衣着能够影响人体与空气的辐射和对流效果。受个体差异的影响，在同一室内环境下人体衣着情况也存在差异，通常老年人衣着比年轻人更多。

②新陈代谢率。人体新陈代谢率主要受活动状态的影响。在剧烈运动时，人体新陈代谢率高，反之则低。

③性别差异。在相同的室内环境下，性别差异对热舒适也存在一定的影响。通过对不同性别热舒适差异性分析发现，夏季男性偏好偏凉的环境，冬季女性偏好偏暖的环境。

④年龄差异。研究表明，老年人相比年轻人热期望温度更高。

## 三、建筑基于热舒适的节能设计策略

外围护结构是室内外能量交换的主要媒介，对建筑能耗及室内环境品质有直接影响。研究结果显示，建筑通过外围护结构损失的热量占建筑总能耗的 70% 左右。低效运行的暖通设备和性能较差的外围护结构已经成为既有建筑节能改造和居住环境提升面临的重大挑战。我国大部分建筑为砖混结构，屋顶为钢筋混凝土板，窗户为单层塑钢窗。与气候相近的发达国家相比较，围护结构保温隔热性能差别明显。墙体结构的传热系数为发达国家的 3.5 ～ 4.5 倍，屋面的传热系数为发达国家的 3 ～ 6 倍，外窗的传热系数为发达国家的 2 ～ 3 倍，门窗的冷风渗透耗热量为发达国家的 3 ～ 6 倍，单位面积供暖能耗为发达国家的 3 倍。提升建筑围护结构的性能已经成为降低建筑能耗、改善室内环境的必要措施。

建筑外围护结构节能改造主要是通过调整构造材料、增加保温层来提升热工性能，实现冬季保温、夏季隔热的。节能改造的重点主要包括外墙、屋顶和外门窗三个部分，下面从这三个部分探讨建筑外围护结构的节能改造设计。

## （一）外墙节能改造设计

### 1. 外墙保温材料选择

外墙保温材料的选择需要综合考虑燃烧性能、导热系数、抗拉强度和经济性等因素。我国常用的墙体保温材料有无机保温材料和有机保温材料两种，其中，无机材料常用岩棉制品，有机材料常用 EPS 板、XPS 板、PU 板等。

### 2. 外墙保温改造技术

据统计，外墙热损失占建筑总能耗的 32% ～ 36%，对外墙进行节能改造能够显著降低建筑能耗，提高室内环境的热舒适性。外墙节能改造主要有外保温、内保温、自保温和复合保温四种。既有建筑改造通常使用外保温和内保温两种。外墙外保温就是在建筑既有外墙外侧增加保温材料层，降低外墙传热系数，提高外墙整体保温隔热性能，从而达到降低建筑能耗的目的。外墙内保温做法与外保温相似，是在既有建筑外墙内侧增加保温材料层，降低外墙传热系数，提高外墙整体保温隔热性能。

## （二）屋顶节能改造设计

### 1. 屋顶保温材料选择

屋顶常用的保温材料主要有 EPS 板、XPS 板、PU 板三种。PU 板导热系数最小，抗压性最好，吸水率最低；EPS 板造价适中，密度最小，质量较轻，适用于正置式屋面；XPS 板抗压强度较好，吸水率适中，适用于倒置式屋面。

### 2. 屋顶保温改造技术

据统计屋顶热损失占建筑总能耗的 8% 左右，其保温性能对建筑顶层室内热环境及能耗影响最大。对屋顶进行节能改造能够显著提高顶层室内环境的热舒适性。屋顶节能改造主要采用外保温形式，包括正置式屋面、倒置式屋面、架空屋面和平改坡屋面四种。正置式屋面即在既有建筑屋面上直接铺设保温材料层，其厚度根据节能标准确定，并在上层铺设防水层。倒置式屋面即将保温层设置在屋顶构造的最外层，防水层设置在下面，这样对防水层可起到保护作用。架空屋面即在屋顶设置厚度为 200 mm 左右的空气间层，利用自然通风带走屋顶热量，从而起到保温隔热的作用。平改坡屋面与架空屋面做法类似，即在原有屋顶上面加装坡屋顶，并设置通风口利用自然通风原理带走屋顶热量，降低建筑能耗。

通过对比可以发现：倒置式屋面能够有效保护防水层，延长防水层使用寿命，保温隔热性能好，施工经济方便；正置式屋面施工复杂，需要增加防水层；架空屋面主要用于顶层隔热，适用于夏热冬冷地区；平改坡屋面造价较高，对屋顶构造要求较高。

## （三）外门窗节能改造设计

### 1. 外门窗材料选择

合适的窗框材质能够有效避免"冷桥"和"热桥"产生，提高室内环境的热舒适性。目前热工性能较好的窗框材质有铝合金材质、PVC 材质和木材。在三种材质中，PVC 材质传热系数最低，热工性能最好，但是该材质容易老化，耐久性差；铝合金材质传热系数最大，热工性能最差，但是通过断桥处理其传热系数可以降低，常用于制作窗框；木材传热系数较低，热工性能较好，但是该材质容易变形，耐火性差，且不满足生态发展要求，使用较少。

### 2. 外门窗的改造技术

外门窗在建筑外围护结构中热工性能最差，与外墙和屋顶相比，外门窗传热系数过大，热损失较高。据统计，外门窗热损失占建筑总能耗的 30% ~ 40%。提高门窗热工性能能够明显提高建筑节能效率，提升室内舒适度。外门窗改造主要从以下几方面进行：

（1）增加空气间层，提高外窗性能

由于空气导热系数很小，在玻璃中增加空气间层能够明显提高外窗性能。目前，常用的中空玻璃有三层中空玻璃、镀膜中空玻璃和惰性气体镀膜中空玻璃等。对比分析可以发现，6 mm 单层窗热工性能最差，通过增加空气间层能够大幅度降低外窗传热系数。

（2）提高外门窗的气密性

良好的气密性能够避免室内外空气相互渗透，降低建筑能耗。应该采用耐久性好、弹性好的密封材料对窗框结合缝四周进行密封，以提高外门窗的气密性。

（3）合理选择外窗遮阳方式

建筑遮阳设施根据安装方式不同可以分为固定式遮阳设施和活动式遮阳设

施。固定式遮阳设施有水平式遮阳设施、垂直式遮阳设施、挡板式遮阳设施和综合式遮阳设施四种。固定式遮阳设施安装简单、经济性好，维护方便，但对采光、视线、通风的要求缺乏灵活应对性。活动式遮阳设施能根据室外条件变化自主调节，可安装在室内、室外。活动式遮阳设施安装复杂，造价高，但是遮阳效果好。寒冷地区夏季高温多雨、冬季严寒干燥。夏季需要通过建筑遮阳设施降低透过外窗的太阳辐射热，减小太阳辐射对室内热环境的影响，降低建筑能耗；冬季需要增加透过外窗的太阳辐射热，提高室内温度，降低建筑能耗。活动式遮阳设施更为合理，可以满足冬夏季不同的遮阳要求。

# 第三节　建筑环境效益分析

## 一、建筑环境效益分析

随着能源消耗的增加，大气中的二氧化碳和温室气体的排放量增加，环境逐渐恶化。

绿色建筑是指在建筑的全生命周期内最大限度地节约能源，包括节省土地、节约用水、节约能源、节省材料，保护环境和减少污染，为人们提供健康、舒适和高效的使用空间，与自然和谐共生的建筑。因此，本节下面将从节地环境效益、节能环境效益、节水环境效益、节材环境效益和室内环境质量改善效益五个方面直观地分析环境效益。从根本上讲，环境效益是最基本的一种效益，因此，提高环境效益对人类生活有着至关重要的意义。

### （一）节地环境效益

我国拥有辽阔的土地资源，但建筑用地却极为紧张，特别是一线城市。因此如何高效地利用建筑用地就显得尤为重要了。首先，对建筑所在区域内气候条件，包括太阳辐射、相对湿度等的分析，是十分有必要的；其次，要对建筑在该区域内的最佳建筑朝向进行判断；最后，要对周围的建筑有一个详细的了解，比如周边的商用建筑、住宅建筑等，要对建设项目是否会对周围相关建筑的日照要求产生影响有一个明确的判断。

### （二）节能环境效益

推广建筑节能，主要是要提高建筑围护结构的保温性能，建筑的围护结构是指围合建筑空间四周的墙体、门、窗等，或者是这些结构的表面装饰材料。

对所需项目当地的温度、湿度进行综合考量，结合日照强度、通风等因素，对建筑进行外环境保护是建筑围护结构建设的客观要求。设计节能环保的建筑围护结构，不能摒除气候环境等因素。比如，当建筑所在地属于干热气候地区时，建筑昼夜内外温差明显，因此在建筑材料的选择上，就应更多地考虑选取高热容量的材料以降低室外温度变化对室内温度的影响。在干热气候地区，建筑门窗玻璃的选择也应考虑气候环境的影响，设计遮阳设施阻碍高强度日光照射是该地区门窗设计的重点和特点。在外墙与屋顶材料的选择上，也应该遵循控制太阳辐射的原则去进行材料选择与设计。供冷隔热性能与供热隔冷性能是设计一款高效节能环保建筑围护结构的客观需求，其对建筑能耗有较大影响。夏季空调等电器的节电效益能反映出建筑围护结构的供冷隔热效果，而冬季取暖季的节煤效益能反映出建筑围护结构的供热隔冷效果。

### （三）节水环境效益

目前全球的水资源处于极度短缺的状态，而建筑业的用水量占全社会总用水量的比例在50%以上，并一直处于上升阶段。建筑业在施工阶段的用水主要表现在生活用水和现场施工用水两方面。在传统建筑的水资源供应系统中，水在供应和消耗的转换上往往是低效的和线性的，主要有以下两种情况：一是自来水—用户—污水排放，二是雨水—屋顶—地表径流—排放。与传统建筑不同，现代建筑想要做到有效地节省建筑用水量可以采取多种方式，譬如采用在屋顶上安装雨水回收二次利用装置、在建筑物内部安装具有节水功能的器具、使雨水通过渗透性路面进行收集等方式，同时还可以将生活污水经过加工处理后回用到生活杂项上，例如对绿地进行灌溉、对道路进行清洁及对景观进行补水等。

### （四）节材环境效益

在进行建筑材料的选择时，应尽可能保证对环境安全、无污染，并选择可回收的建筑材料。传统建筑大都由施工人员在施工现场建设。现代建筑所使用的构件都是预制件，即在工厂生产的构件。而工厂的标准化生产，能够准确把握材料的用料，以及对构件的质量会有一个严格的控制。同时，工厂的工人都经过专业培训，具备较高的操作水平及一定的责任心，能够提高工作效率和成品率。

### （五）室内环境质量改善效益

室内环境的质量直接影响用户的身心健康和工作效率。现代建筑为了私密性大多处于一种密闭的空间，室内环境和空气质量的好坏显得尤为重要。

因此，如何运用通风使室内空气质量保持在一个良好的状态非常重要。在建筑室内环境设计中，另一重要的内容便是在合理利用环境和系统的情况下，把通风设计为自然通风。自然通风设计的好坏在一定程度上可以减少室内的污染物。通风的合理运用既可以降低建筑的主要能耗，又可以改善室内的空气质量。在满足居住者热舒适性体验方面，自然通风也会对人类居住的热舒适性产生积极的影响。

## 二、建筑节能环境效益计算公式及方法

假设节能建筑的节能率与能耗值分别为 $a_1$，$Q_1$；基准建筑的节能率与能耗值分别为 $a_2$，$Q_2$；非节能建筑的节能率与能耗值为 0%，$Q_3$。

以上海市为例，查阅资料可知上海市执行 65% 节能强制性标准，即取 $a_2=65\%$。

由节能率

$$a_1 = \frac{Q_3 - Q_1}{Q_3}, \quad a_2 = \frac{Q_3 - Q_2}{Q_3}$$

可得，绿色建筑与基准建筑的能耗差计算公式为

$$\Delta Q = Q_2 - Q_1 = Q_3(a_1 - a_2) = \frac{Q_1(a_1 - a_2)}{1 - a_1}。$$

换算成节煤量：$S_M = \Delta Q / H$（单位：kg），其中，$H$ 为标准煤热值：29 400 kJ/kg；

节煤费用：$S_C = S_M \times P$（单位：元）。$P$ 为标准煤价格。

# 第六章　现代建筑设计中的节能技术

随着现代环境危机的加剧及人类知识的扩展，建筑节能技术越来越受到肯定和重视。节能技术的合理使用，有助于解决建筑行业能源的巨大消耗问题。本章分节能材料的选择与应用、建筑给排水节能技术、建筑围护结构节能技术、建筑照明节能技术四部分，主要包括节能建筑材料的具体内容、节能建筑材料的使用原则、节能建筑材料的应用等内容。

# 第一节　节能材料的选择与应用

## 一、节能建筑材料的具体内容

节能建筑材料是指目前建筑工程中用于缓解环境压力、提升施工质量水平并对居民的生活环境有所改善的施工材料。其使用是顺应时代潮流、响应国家号召、符合生活理念的。而且，节能建筑材料具有节约施工成本、优化建筑过程、提升建筑质量的功能，是一种将会在未来建筑中广泛运用的墙体材料。在选取节能建筑材料的过程中，应尽量选取绿色环保的材料，并且以废物利用为主，优先使用工业废料。

在当今时代，建筑节能已刻不容缓，并且它真真切切影响到了每一个个体，也实实在在地受每一个个体的影响。随着经济发展水平和建筑质量的不断提高，节能建筑材料的使用问题就变得尤为引人注目。如何选材，如何应用，都是建筑施工者需要进行认真考量的问题。而节能材料的使用，也必将成为未来建筑工程中的"主旋律"，值得大家重视。

## 二、节能建筑材料的使用原则

节能建筑材料是一种可以降低建筑能耗的材料，主要包括：安装了中空镀膜玻璃的塑钢节能窗，其功能有防御紫外线、隔绝室外噪声、阻止冬季室内热量散失等；外墙保温系统材料，用于减少建筑内能源消耗和杜绝热岛效应；室内墙砖贴面环保材料，用于避免污染，减少室内制冷、取暖能量流失。使用这些节能建筑材料的建筑，可以达到"冬暖夏凉"的效果，对居民来说既能达到节能的效果，又能产生舒适的感觉。在当今时代，能源可以说是非常匮乏的，故而节能建筑材料的推广是具有重要现实意义的。然而在节能建筑材料的使用中，应遵循以下原则。

### （一）重视无危害、节能原则

现如今环境污染问题频发，而建筑材料也是造成这些问题的元凶之一。因此在节能建筑材料的使用中，其材料的特点一定要是无危害的，不能含有任何对人体可能产生不利影响的因素。另外，节能建筑材料一定要名副其实，符合"节能"这一特性。因此，施工方在节能建筑材料的选取上，应尽可能避免选用劣质的材料，不能为了降低材料采购成本而牺牲其正常功能。

### （二）重视生态发展原则

在日常的建筑工程中，施工方对节能建筑材料的使用应重视生态发展的原则。故而，施工方在节能建筑材料的选取上，应重视采用可再生的材料，这样可以对自然资源的利用做好节约与平衡。

### （三）遵循经济、美观原则

对于施工方而言，节能建筑材料的使用要注重经济方面，也就是采购价的问题，毕竟建筑成本是大多数时候施工方主要考量的因素。对此，施工方在实际建筑过程中需要杜绝铺张浪费的现象，在满足其美观度的情况下最大化地节约好成本，以提高节能建筑材料的使用效率。

### （四）重视本地化材料采买原则

建筑材料的购买成本是包含运输成本这一项的，并且运输线路越长，运输成本越大。然而这一项成本是可以轻松减少的。对于节能建筑材料的采购，施工方应尽量在本地市场进行选取，除非当地实在缺少某种建筑材料，才考虑从外地采购。这样的采购措施既能刺激当地的经济发展，又能减少大量的运输成本，堪称一举两得。

### （五）坚持整体设计性原则

在建筑工程施工过程中，节能建筑材料的使用不仅要实现绿色环保的基础属性，还要遵循建筑项目设计的整体布局要求。装饰材料要在绿色环保的基础上进行科学合理的布局搭配，要协调好每一个装饰物品的位置和功能，要秉承整体设计性原则，提升室内空间的整体效果，满足建筑的整体设计需求。

### （六）遵照因地制宜原则

节能建筑材料虽然具备无毒、无污染、绿色环保的巨大优势，但是在建筑工程中并不是所有的环节都适用节能建筑材料，节能建筑材料重复利用也会造成资源浪费。节能材料的应用主要是为了避免环境污染及能源浪费，应遵循因地制宜原则，将其应用到采光较好或者空间相对较大的建筑环境中。

### （七）掌握应用适当性原则

节能建筑材料除了可以实现生态保护和循环利用外，还可以实现装饰空间的协调性。因此，在建筑设计当中，并不是应用越多的节能建筑材料产生的效果就越好。在材料选择和应用过程中，建筑工程施工需要依照施工现场的实际环境和施工特点选择节能建筑材料，掌握应用适当性原则能够突出节能建筑材料的应用效果。

## 三、节能建筑材料的应用

### （一）节能建筑材料在墙体建造中的应用

在常规的房屋建筑中，墙体建筑材料约占整个房屋建筑材料的70%，其重要性不言而喻。因此，节能建筑材料在墙体建造中的应用就显得尤为重要。对于节能建筑材料的使用，其节能的功效固然重要，但是最重要的要求是绿色环保。建筑材料的环保指标一定要达到国家对建筑材料的标准要求，并且要与资源的综合利用、土地与生态环境的保护有机结合起来，要调节好建筑材料和资源、环境及社会发展的关系。在砖块种类的使用情况上，应尽量避免使用黏土砖，建议选取对生态平衡有利的、对环境保护有利的建筑材料。

对此，施工者可以将目光放在很多新型的墙体材料上，重视利用它们质地轻巧、保温、防火与隔热的优秀性能，同时，要将"综合利废，市场引导，因地制宜"的建筑原则贯彻落实，充分地使用好建筑工程的本地资源，减少运费支出和运输时间成本。另外，在节能建筑材料的原料选取上，要尽量使用粉煤灰及其他的工业废料，这样不仅使废料有了好的去处，也使原材料有了好的来源。

## （二）节能建筑材料保温性与隔热性的体现

在盛夏时分，若是有人去触摸建筑表面的墙体，会发现其温度非常高。事实上，外墙在建筑中的传热比例是首屈一指的，故而外墙是保温与隔热的重点关注对象。对于保温而言，其保温层具体可以分为三项，分别为外墙外保温、外墙内保温和中空夹心复合墙体保温。如今，节能建筑材料的重点功效之一便是保温，我国正在着力对这一方向进行研究，已取得了诸多成果。由于外墙保温技术与节能建筑材料关系密切，两者的发展过程逐渐统一起来，建筑材料在确保是节能材料的情况下，需要兼具保温的效果。因此，在大力发展外墙保温技术的情况下，还应着力开发利用新型高效的节能建筑材料。

如今，我国的外墙保温技术包括但不限于胶粉聚苯颗粒外保温技术、现浇混凝土复合无网聚苯颗粒外保温技术、现浇混凝土复合有网聚苯颗粒外保温技术、岩棉聚苯颗粒外保温技术、外表面喷涂泡沫聚氨酯技术及外墙保温涂装技术等。在这些外墙保温技术之中，外墙保温涂装技术需要用到两种特性的材料，分别是保温材料和涂料。在涂装过程结束后，涂料干燥之后，建筑外墙的表面会产生具有一定弹性及强度的保温层，以达到保温节能的目的。

节能材料在建筑外墙保温隔热系统中，对外墙保温隔热系统具有出色的保护作用，隔热性能好，防水、抗风压和抗冲击能力强，可有效减少保温系统的厚度，适用于各种建筑外墙保温系统。内墙复合保温系统可以减少墙体温度波动，延长墙体使用寿命。在内墙复合保温系统中，建筑的主要结构能够保持较高内部温度，更适合在寒冷的冬季和炎热的夏季进行节能保温。保温隔热楼板是在传统楼板的基础上新开发的楼板，具有保温、节能、低能耗的特点。

## （三）节能建筑材料防水性能与密封性的体现

防水材料是建筑行业中一个非常重要的分支材料。事实上，在日常的建筑工程和重要的公共建筑工程中，对于防水材料的需求都是十分庞大且苛刻的，如何将其与节能材料结合起来，将会是一个很有价值的研究方向。就我国而言，建筑防水材料的发展进程十分快速，在原来的防水建筑材料选用中，油毡一度是最热门的选择，但其效果在如今看来已经不太适用，这是因为现在有许多新型、高效能的防水建筑材料可供使用，例如合成高分子防水卷材、沥青油毡及堵漏和刚性防水材料等。这其中，属于节能建筑材料的也不在少数。工程方对这些防水建筑材料的选用，只需兼顾好其节能特性即可。

### （四）节能建筑材料在门窗及玻璃中的应用

在我国，建造门窗的能耗约占建筑总能耗的40%，故而在门窗的建造中节能建筑材料的使用是较为重要的。塑料节能建筑材料由此步入人们的视线之中。在材料选用上，塑料节能建筑材料的经济成本不用说，是肯定低于钢材、木材以及不锈钢材的，而且其生产过程普遍是绿色清洁的，对自然资源的利用并不算多，且无毒无味、无放射性，很符合节能建筑材料的选用原则。而另一种重要的节能建筑材料，就是玻璃钢，其特点是具有非常高的强度及非常低的膨胀系数，在未来的建筑中，其使用前景将会一片大好。而针对玻璃，目前最热门的节能建筑材料是真空玻璃。虽然在国外，真空玻璃已经是法定的建筑材料，但它在中国的应用率却非常低。真空玻璃在节能方面的特性要强于中空玻璃，因此我国未来的主要发展对象是真空玻璃。

### （五）节能建筑材料在采光特性上的体现

如今，建筑的分布逐渐变得高密集化，层数也逐渐增加。这一问题在大城市中体现得尤为明显。高密集化、层数高，理所当然地就产生了一个问题—采光困难。夹在楼宇中的底层居民，平时能够采到的光已然不充足，若是建筑材料还不能辅助采光，那么其采光需求就根本不能得到满足。故而，节能建筑材料在高层建筑之中要善加使用，尤其是对于低层部分，要充分使用好采光能力强的节能建筑材料，以确保低层居民的采光需求，并提高低层商品房的竞争力。

## 四、建筑应用节能材料的重要意义

### （一）解决建筑资源短缺问题

建筑行业在我国经济发展水平不断上行的基础上得到了高速发展。然而行业的高速发展伴随而来的就是能源的过度消耗及过度浪费，高能耗使建筑与装饰工程出现了严重的资源短缺问题，装饰材料的批量加工制作消耗了巨量的自然资源，给我国的生态环境发展带来了巨大的压力，使自然环境的承载力一直处于较高的水平，这与当前我国环境友好型发展理念背道而驰。而节能建筑材料的诞生有效解决了这一难题，新生的科技材料及对废旧材料实现循环利用极大地降低了能源损耗，也大幅减少了污染物的排放量。同时，部分高科技材料还能够实现热能和光能的有效吸收和高效转化，不仅能够有效降低建筑能源消耗，还能够解决部分资源短缺的难题。

## （二）实现建筑工程的环境友好型发展

建筑行业的繁荣发展是建立在对自然资源无限索取的基础之上，这种供需失衡的局面导致人与自然的和谐关系明显失衡。环保节能材料的诞生和应用不仅仅是利用现代科技生产材料来替代传统装饰材料那么简单，而是通过运用现代化的科技手段及创新手段来实现材料本身属性的突破，降低对自然能源的消耗，实现对废旧材料的循环利用。同时，一些新型材料还具备无毒、无污染、可循环使用的典型优势，能够突出建筑与装饰材料的低碳性、环保性及节能性，实现建筑工程的环境友好型建设发展。

## （三）避免建筑材料对人体健康的损害

传统的建筑工程材料不仅会对自然生态环境产生惊人的破坏力，还会给建筑用户的身体健康带来严重的威胁。传统的建筑与装饰工程材料多为化工制品，能够释放出对人体有害的甲醛气体等，人体长时间处在高浓度的甲醛环境下会产生严重的呼吸道疾病，还会出现皮肤病或者过敏反应。同时，部分建筑与装饰工程材料还会释放出微量有害辐射，对人体造成巨大的损害。节能建筑材料的诞生和应用有效避免了建筑与装饰材料对人体健康的损害，现代科学技术条件下生产出的绿色装饰材料具有典型的无毒、无公害、绿色环保属性，不会对人体造成任何伤害。

# 五、近年来新型节能建材的发展举例

## （一）装饰挂板

轻质干挂式外墙保温装饰挂板，这种类型的建材利用干挂式的工艺，借助铆固件将保温装饰复合板与建筑外墙有机联结为一体，并可同时实现外墙的保温、装饰与防水功能。这是一种集合多种功能的建材，因其具有多功能性，可以节省大量的空间，而这些空间本来是用于实现多种功能的其他建材的。这种类型的建材适用于各个新建或改建的外墙保温装饰工程，属于比较优秀的一种新型节能建筑材料。

## （二）液体壁纸

相信有很多人都知道液体壁纸，因为液体壁纸是最近几年比较流行的一种墙面装饰物。旧的墙面装饰材料是墙纸、乳胶漆，但是这些材料都有很多由于材质等方面带来的弊端。而液体壁纸属于水性涂料的一种，对于墙面装饰材料来说，优势比较明显。

### （三）塑料地板

塑料地板作为一种环保节能建筑材料，正在逐渐占据主流的建筑市场。预计到 2030 年，我国塑料地板需求量为 8 000 万平方米。预计到 2040 年，我国塑料地板需求量将达到 1.5 亿～2 亿平方米。届时，各种塑料地板（包括弹性卷材地板、半硬质塑料地板、柔性卷材地板）和各种功能地板（抗静电、防腐蚀、防火、保健）的品种、档次将有显著的提高，可基本满足不同层次的需求。

# 第二节　建筑给排水节能技术

## 一、建筑给排水简述

给排水工程一般指的是城市用水供给系统、排水系统（市政给排水和建筑给排水），简称给排水。

给排水设备广泛应用于建筑工程中，如果数量大，瞬时给排水流量就会增大。如果给排水断层，势必会影响城市居民和工业用水的情况。因此，提高建筑给排水技术是非常重要的，这样才能从根本上保证建筑给排水的安全。尤其高层住宅建筑排水线长，垂直管道流速较大，一旦出现水流量大的情况，就容易导致排水管道变形、水压力过大，更容易破坏地漏水封，使得污水泄漏，不仅会对周围的环境造成不好的影响，还会对建筑造成一定的损害。因此为了提高建筑结构的安全性，有必要建立科学、合理的给排水系统。

建筑给排水系统主要包括循环系统、排水系统和供水系统，贯穿于整个建筑结构内。其中，循环系统主要采用一些技术方法，来降低水资源的浪费，进一步提高其利用率；排水系统主要处理生活中的各类污水；供水系统主要为生活和工作提供必要的日常用水。各系统之间相互合作为人们的生活和工作提供良好的服务。随着时代的进步和人们生活水平的不断提高，越来越多的新型生活用具出现在人们的生活中。这不仅要求人们选择适合的卫生清洁用具，还对建筑给排水技术提出了更高的要求。

## 二、建筑给排水节能需求

我国的水资源总量是比较巨大的，但人均占有量却比较少，是全球水资源贫乏的国家。生活用水的浪费是当前社会发展中亟待解决的问题。在建筑给排水系统中，管道的腐锈及开关水阀门质量问题等，所造成的水资源浪费比较突出。建筑群周边常常出现人行道给水管道漏水的现象，造成水资源大量浪费。在居民的实际生活当中，由于浮球阀门的锈损而造成的漏水问题比较突出，导致大量水往外流出。还有就是生活用水二次污染，使给排水系统不能有效运行，导致生活用水陷入困难的境地。二次污染后，水资源从排水管排出，管道系统需要进行清洗操作，这也会造成水资源的浪费。从多方面综合考虑，建筑的给排水设计需要转变方向，注重和当前可持续发展观念相结合，注重节能减排理念的融入，提高建筑给排水节能减排设计的整体质量，只有这样才能节约水资源。

## 三、建筑给排水节能意义

在当前的社会发展过程中，建设环保型的社会已经成为社会发展的重要方向，减少对资源的浪费及环境的污染，也成为人们的共识，而在具体的落实过程中，就需要注重细化工作内容。建筑给排水的节能减排设计，就是发展当中的重要突破口，这也是做好相应环保工作的基础，对构建环保型社会起着比较重要的作用。

建筑给排水节能技术，有助于社会经济稳定发展。建筑行业是我国国民经济的支柱性行业，只有保障建筑行业的稳定发展，才能从整体上促进社会经济的稳定发展。在建筑给排水系统的实际设计过程中，需要充分考虑节能减排的重要意义，将能源资源作为经济发展的基础。水资源在人类生产生活当中所占据的地位愈来愈突出，保护水资源就成为促进社会经济稳定发展的一个重要举措。建筑给排水的节能减排设计，就是为了保障水资源的合理化运用、减少水资源的浪费等。另外，建筑给排水节能减排设计有助于提高人们的生活质量水平，以及有效满足人们的生活需要。水资源是人类生存发展的重要基础，当前人们对水资源的使用量在不断地增长，有的地区已经出现水资源短缺问题，严重影响人们的生活用水及地方经济的发展。要想改善水资源使用状况，就要在规划上体现出合理性，节能减排设计就是应对这一发展现状的重要举措，它能有效提升人们的生活质量水平，满足人们的生活需求。

## 四、建筑给排水节能技术

在传统建筑中，水的供给和消耗是一种线性低效率的转换，即自来水—用户—污水排放，雨水—屋面—地面径流—排放。建筑节能设计可采用多种方式有效降低用水量，同时保持水体循环，而建筑排水经处理后可回用于生活杂用、绿地浇灌和景观水体补充等。建筑采用的节水与水资源利用技术有供水系统节水技术、中水处理与回用技术、雨水收集与利用技术及景观水体水质保障技术。

### （一）供水系统节水技术

供水系统节水技术主要包括分质供水、限定出流水压力、降低无效冷水出流量、使用节水器具及节水灌溉技术等。运用这些技术能够实现20% ～ 30%的节水效果。

### （二）中水处理与回用技术

"中水"亦为再生水。通常人们把自来水叫作"上水"，把污水叫作"下水"，而再生水的水质介于上水和下水之间，故名"中水"。建筑的优质灰水通过灰水管道收集系统收集，经处理后所得到的中水可用于建筑、市政杂用水或景观水体补充等。同时，要保留传统污水排放管线，以便用于排放不满足灰水收集条件及未经灰水管道收集系统收集的黑水。

### （三）雨水收集与利用技术

雨水又可细分为路面雨水、绿地或铺地雨水及屋面雨水三个部分。

经分散处理后的雨水，污染物的浓度大大降低，水质也得到提升，仅需经过简易的集中处理即可利用。若建筑周边有景观水体（如人工湖），可充当再生水利用的调蓄体，将经分散处理后的雨水排入景观水体内，作为景观水体的环境景观补水。若建筑周边无景观水体，可利用地势较低的调节池收集经分散处理后的雨水，并作为中水补充水再生回用。除此之外，雨水渗透系统也是一种重要的雨水间接利用方式。

### （四）景观水体水质保障技术

由于景观水与自然水体相比较，其自我净化能力差，污染物指数相对较高，因此有必要提高景观水质安全，以提升非传统水资源利用率和绿色建筑节水质量。

水是人们生活的重要资源之一，而建筑给排水建设是一项长期的工作，我们不仅要正视建筑给排水施工中出现的问题，还要根据目前的水资源现状及未来的发展方向，探索出新的建筑给排水施工技术，促进水资源的合理利用。

## 五、案例分析——既有居住小区节水改造

现在面对水资源短缺，许多既有居住小区没有相应的节水措施，水资源消耗严重。我国既有居住小区的给排水节能改造开展比较晚，在取得一定进展的同时问题依然存在，例如，节水节能设计不合理、改造对原有建筑影响较多等。下面介绍几种常见的建筑节水设施。

### （一）节水型水龙头

市场上，节水型水龙头的一般规定是水压为 0。目前，节水型水龙头有以下几种。

①阻塞水龙头。阻塞水龙头的节水原理是使用螺纹将头部和水龙头本体连接起来，在水龙头的出口和出口头的接合面，放置一个水冷块以拦截通过水冷块孔的流量，形成多通道高速旋流，从而使水流的出口压力降低。根据实验，随着流出水表面积的增加，水滴可以提高洗涤效果，提高节水效率。

②恒压恒流高效节水龙头。恒压恒流高效节水龙头依据的是"节流控制水动压极限"的原理，安装后的效果如下：当水压过低时，可以有效地增加水的循环面积。

③充气水龙头。国外的充气水龙头是一种较为广泛的节水龙头，水龙头上有孔，由于吸入空气，体积增加，速度降低，水以一定的气泡扩散出去。

④陶瓷阀芯节水龙头。制作陶瓷阀芯节水龙头喷嘴的主要材料是黄铜，这种水龙头具有密闭性好、开闭快、使用寿命长、漏水率低的优点。与传统水龙头相比，这种水龙头的节水效果一般为 20% ～ 30%。

⑤感应水龙头。感应水龙头依据的是红外线反射原理，当人的手放在水龙头的红外线区域时，由红外线发射管发出的红外线由于人的手的遮挡反射到红外线接收管，通过集成微机处理后将信号发送给脉冲电磁阀，电磁阀接收信号后按规定的指示，打开阀芯控制自来水；当人的手超出红外感应范围时，电磁阀不接收信号，电磁阀芯通过内部弹簧进行复位，以控制自来水。节水龙头的感应装置要求感应喷嘴在工作状态结束后 2 秒内将水停止，并需要具有自动切断水的功能。另外，水嘴的设计需要实现水流量的自动或手动控制和切换装置，用户可以通过操作在最佳需求范围内控制用水量。

建筑设计与建筑节能技术研究

以上 5 种水龙头各有优缺点，一般家庭均宜安装低价节水器具，由于陶瓷阀芯节水龙头比其他类型的节水龙头便宜，因此住宅建筑普遍采用这种类型的节水龙头。

## （二）节水型便器

节水小便池系统由小便池、小便池水箱及相关配件和管道组成。以色列建筑法规要求所有新建筑都必须有两级冲洗水箱，其用水量要比传统冲洗水箱少40%。我国行业标准《节水型生活用水器具》（CJ/T 164—2014）规定，节水马桶系统应采用大便桶分级冲洗结构。冲洗小便时，冲洗水的消耗量不应大于 3.0 L；冲洗大便时，冲洗水的消耗量不应大于 6.0 L。

## （三）节水型淋浴器

浴缸用水量几乎占家庭用水量的 1/3，因此浴缸的节水潜力巨大，节水型淋浴器的选择也至关重要。在两管热水系统中，冷热水的混合方式包括双阀型、混合水龙头型和恒温水龙头型，前两种方法需要调节阀门以测试水温，这会浪费大量水。恒温冷热水混合水龙头通过安装在水龙头中的温度传感器的扩展自动调节冷热水混合比，从而使水达到温度调节旋钮指示的温度。该水龙头不仅可以节省水，而且可以确保所需的水温，从而为用户提供稳定舒适的水温。

## （四）雨水收集装置

雨水收集装置可以安装在住宅建筑的屋顶、室外地板和花园中。收集的雨水可用于美化环境、灭火和日常道路清洁。通常，雨水收集费用低，可以有效降低社区财产管理费用。特别是在水资源稀缺的北京，促进雨水收集可以大大缓解干旱季节的供水压力，并防止过度开采地下水。

## （五）设置既有居住小区中水回用系统

城市水资源的使用必须是高质量的。长期以来，人们习惯于直接使用优质水作为杂水，从而导致大量的水资源浪费。

中水是指经生活污水处理设备处理达到规定的用水标准后可以在一定使用范围内循环使用的非优质水。目前，中国 80% 的城市供水已转化为污水。如果进行集中处理，则超过 65% 的生活污水可以作为中水回用。这将大大减少优质水的使用，提高城市水资源的利用率，并减少污水排放。

# 第三节 建筑围护结构节能技术

## 一、外窗的节能技术

外窗具有围护、采光、通风、保温隔热等多种功能，由外窗产生建筑能耗损失的原因主要包括两方面：一方面，外窗本来就是住宅围护结构的薄弱环节，有许多热量通过它散失到室外，若其热工性能不佳，将会造成能耗损失的增加；另一方面，太阳辐射基本都是透过外窗直接影响室内热环境的，而改变不利太阳辐射造成的影响就需要消耗额外的能源。

### （一）外窗的节能技术措施

一般而言，提高门窗的节能性能，主要有三种技术措施：一是控制外窗的窗墙比；二是加强外窗的保温性能；三是改善外窗的隔热技术。

#### 1. 控制外窗的窗墙比

窗墙比是指外窗洞口面积与房间立面单元面积（房间层高与开间定位线围成的面积）的比值。在保证日照、采光、通风、观景条件下，应尽量减少外窗洞口面积，合理控制窗墙比，一般北向不大于35%，南向不大于45%，东西向不大于20%。

近年来，我国房屋建筑普遍追求开窗的尺寸，追求开大窗、多开窗，但由于外窗的保温隔热性能原差于外墙，窗口越大，由窗口处造成的热量流失也就越大，既不利于冬季保温，也不利于夏季隔热，加大了空调的能耗。因此，我们要严格按照要求控制建筑的窗墙面积比。

#### 2. 加强外窗的保温性能

加强外窗的保温性能主要从两点出发：一是提高玻璃的保温性能；二是提高窗框的保温性能。提高玻璃的保温性能主要可从两方面入手：一是选择合理的玻璃材料；二是利用空气间层增加保温性能，利用空气导热系数小的特性选择带空气间层的双层玻璃可大大提高其热阻性能，或者在两层玻璃间填充导热系数更小的氩气、氪气等惰性气体，做成特殊的中空玻璃，将会获得较好的阻热效果。提高窗框的保温性能则是通过选用导热系数小的窗框材料，加强窗框的阻热性能。

3. 改善外窗的隔热技术

（1）玻璃隔热膜

有些办公建筑窗户的传热系数达标，保温性能较好，但是没有采取任何遮阳措施，因此我们可以在该类型的窗户上贴上一层隔热膜来降低太阳辐射透过率，如 3M、IQue 等高质量玻璃隔热膜，夏天室温较高时能够阻挡 90% 以上的紫外线、80% 以上的红外线，但是对可见光的阻碍性较小，所以既不影响采光，又能够起到隔热节能的作用，从而提高窗户的节能率，达到能效提升的目的。另外，玻璃隔热膜在冬天也能够起到保温的作用，且拆除较为容易，施工难度较小，只需对窗户玻璃进行清洗，然后依照步骤进行开膜、放膜、刮水、裁边、再次刮水和收工检查即可。

（2）固定遮阳

通过文献调研，固定遮阳一般有三种形式，根据窗的朝向不同，选用的方式也不尽相同。一般水平式遮阳适用于建筑南边的窗户，垂直式遮阳适合建筑北边的窗户，挡板式遮阳适用于建筑东边和西边的窗户。

（3）活动遮阳

我国广泛应用的活动遮阳方法为活动的百叶遮阳，一般分为横百叶挡板和竖百叶挡板两种形式，可以手动或者电动控制百叶的开合角度大小，从而在不同的时间不同室外环境下能够起到节能的作用。夏季可以通过调小百叶开张角度抵挡太阳的照晒，冬季则可以调大百叶开张角度提高采光和增加室内得到的太阳辐射量从而减少采暖能耗。因此活动遮阳相较于固定遮阳要灵活很多，节能效果更好。

## （二）外窗的材料选择

一扇完整的窗户，包含了窗框材料、玻璃材料两大类。下面将分别对这两类材料进行简单的分析。

1. 窗框材料的选择

以前木材是常见的窗框材料，具有优异的保温隔热性能，但在外部因素如受力、受潮、受热等影响下，易发生变形，导致气密性不良，同时其耐火性能差，因此，现今建筑的窗框以铝合金窗框为主。铝合金窗框具有轻质、耐用、美观的优点，但它的保温隔热性能差。铝合金窗框虽然各方面性能较好，但价格较高。塑钢窗框即在塑料窗框内部加入钢衬，其气密性、水密性、保温隔热性均优于铝合金窗框，耐久性也较铝合金窗框强。

## 2.玻璃材料的选择

外窗玻璃占整个窗户的面积比例最大，因此其传热系数对整窗的传热系数影响最大。一般而言，单片玻璃的传热系数太高；白玻中空玻璃的玻璃厚度均为 5 mm 时，中间空气层厚度越大，其传热系数越小。

## （三）既有建筑外窗能效提升技术

### 1.只换玻璃

部分建筑的窗户框架较为完整，能够更改为两层更为节能的玻璃，因此只需要更换玻璃。一般将玻璃改为能遮挡太阳辐射的镀膜玻璃或者现在较为常见的两层中空玻璃。

### 2.窗框与玻璃全换

部分建造时间较长的建筑，其窗户由于框架结构较差或有较大的损坏无法满足只更换玻璃来达到能效提升的目的，所以必须将玻璃和窗框一起更换。首先，从窗户框架开始，可以选择类似于断热铝合金、塑料 PVC 材质这样的传热系数较低的材料作为窗框。其次，窗户玻璃应当选用保温性能较好的材料，如 Low-E 的双层中空玻璃材料。在考虑到保温性能的同时，我们还不能忘了采光效果这一重点，若选用的材料不合适，则即使花费了人力物力也不一定能达到能效提升的目的。

### 3.不拆窗直接加窗

部分建筑的窗户玻璃和窗户框架保存完好，然而传热系数等指标却达不到现在节能规范中的最低要求。这些窗户面积较大，窗台留有的纵深较长，如果我们破坏窗户或者整体拆掉窗户，付出的代价太大且影响办公建筑正常使用的时间太长。因此可以在不拆除原来窗户结构的情况下加设一门节能的窗户，来形成夹层，从而降低窗户的传热系数以达到节能的目的。因为有了之前窗户的隔热效果，所以在后续增添的节能窗户材料选择方面相对来说可以选择性价比较高的玻璃，有了前窗的保护和隔热，这种材质的内窗就能够和它一起实现很好的节能效果，从而节约大量资金投入。

### 4.加强气密性

为了增强窗户的保温性能，除了选用达到节能标准的窗户玻璃和窗户框架结构外，还需严格地做好气密性检查，不能够出现"漏风"等现象。因此我们应该检查既有办公建筑窗户的密封条，如有损坏，要及时更换。

采用合理的窗户打开方式也是能够起到能效提升的效果的。窗户按开关方式可分为三类，分别为固定式窗、推拉式窗和平开式窗。固定式窗气密性最好，但是由于无法开关，人员使用不方便并且不容易达到建筑新风换气的要求。推拉式窗由于结构问题没有办法增加密封条从而导致气密性较差。因此，在选择窗户开关方式时，平开窗较为合理和节能。

## 二、屋顶的节能技术

一般来说，提高屋顶的热工性能，可以有效地提高其保温隔热能力，有效减少室内外的热量传递与损耗，减少能耗，同时也有利于改善建筑的室内热环境。提高屋顶的保温隔热性能，不但可以有效地减少室外冷、热空气热量相互传递，提高室内热环境质量，还可以减少空调供暖系统运行能耗。

### （一）屋顶的节能技术类型

#### 1. 平屋顶的节能技术

一般而言，平屋顶的节能形式有保温隔热屋面、倒置式屋面、架空通风屋面、种植屋面、蓄水屋面等形式。陕南农村地区砖混结构的屋面一般为平屋面上加盖坡屋面的构造形式，平屋面部分需要承担承重、储存等功能，因此架空通风屋面、种植屋面、蓄水屋面就不适合在陕南地区采用。现有的屋顶结构中，平屋顶普遍缺少保温层，因此，可以利用保温隔热屋面或倒置式屋面作为平屋顶的节能技术。

（1）保温隔热屋面

保温隔热屋面通常采用钢筋混凝土作为结构层，保温层通常铺设在预制钢筋混凝土板的上方，可以保护结构层免受自然界的侵袭。

（2）倒置式屋面

一般来说，保温隔热屋面的做法是在保温层上面做防水层。防水层的蒸汽渗透阻很大，屋面容易出现内部结露。受日晒、风化、交替融冻等作用，防水层极易老化和破坏。为了改进这种状况，产生了倒置式屋面，即防水层不设在保温层的上方，而是倒过来设在保温层下面。这样的结构层次设置，不仅有可能消除内部结露，还使防水层得到了保护，从而提高了屋顶保温构造的耐久性。相较于保温隔热屋面，倒置式屋面由于其耐久性更强，更适合在农村地区采用。

## 2.坡屋顶的节能技术

坡屋顶可分为两大类：一是传统的木屋架坡屋顶；二是在平屋顶上加盖木屋架坡屋顶。这两种做法在农村居民建筑中较为常见。无论是传统坡屋顶还是平屋顶上加盖木屋架坡屋顶，坡屋顶部分的构造基本相同。

坡屋顶的节能技术主要有两种：一是在瓦面与木屋架之间填充保温材料；二是设置保温吊顶。现有的填充材料大多为秸秆或稻草，易出现虫蛀、腐蚀的问题，需要定期更换。而设置保温吊顶则可以在不影响使用的情况下，达到保温效果。保温吊顶通常采用在顶棚与屋面之间加铺保温材料的做法，保温材料可以用锯末、稻壳、粉碎的秸秆及膨胀珍珠岩等，把这些材料用塑料袋密封包装起来平铺在顶棚上即可。增设的吊顶层应耐久性好、防火性好，并能够承受保温层的荷载。增设吊顶后形成的空气间层，可使室内热环境大为改善，且夏季的隔热问题也能得到解决。设置吊顶后，要在房屋两端山墙上开设通风窗。为防止蒸汽渗透，保温材料下面要用油纸或厚塑料做一层隔气层。

## （二）屋顶材料

屋顶材料主要分为保温隔热材料和防水材料两大类。

### 1.保温隔热材料

保温隔热材料种类较多，常见的保温隔热材料的性能对比，如表6-1所示。

表6-1 常见的保温隔热材料的性能对比

| 名称 | 导热系数 / [W/（m·K）] | 干密度 / （kg/m³） | 抗压强度 / kPa | 吸水率 /% | 修正系数 |
|---|---|---|---|---|---|
| XPS 挤塑保温板 | ≤ 0.030 | 4 | 150～500 | ≤ 15 | 1.25 |
| 泡沫玻璃板 | ≤ 0.062 | 140 | ≥ 400 | 0.2～0.5 | 1.20 |
| 酚醛保温板 | ≤ 0.040 | 100 | ≥ 100 | ≤ 7.5 | 1.20 |
| 玻化微珠保温砂浆 | ≤ 0.052 | 300 | ≥ 200 | 20～50 | 1.20 |
| 加气混凝土砌块 | ≤ 0.220 | 400～600 | ≥ 200 | — | 1.45 |
| 憎水珍珠岩保温板 | ≤ 0.078 | 200～250 | ≥ 400 | ≤ 5 | 1.45 |

### 2.防水材料

防水材料可分为卷材类、涂膜类、刚性防水材料类、密封材料类等。一般而言，屋顶卷材防水施工较难，搭接缝多，在接缝处易脱开，且价格较高。因此，在选择屋顶的防水材料时，既要考虑经济因素，也要考虑施工难易的因素。屋顶防水材料以选用改性沥青防水材料、防水砂浆为宜。

## （三）既有建筑屋顶能效提升技术

我国较多建筑采用平屋顶。这种屋顶出现最多的问题就是防水层年久失修损坏和屋顶无保温材料或保温材料厚度、材质等达不到现行节能规范的要求，或者两种问题同时发生。针对平屋顶存在的问题，需要进行能效提升，适宜的改造措施总结如下。

### 1. 架空屋顶

架空屋顶构造方式，是利用架空板来创造一个遮阳的效果，并在架空板下面形成一个通风系统，利用热空气与冷空气对流等原理构造一个热量流失口，带走夹层中因太阳照射而温度升高的热空气，从而减少由屋顶传向室内的热量从而减少夏季空调的能耗。架空屋顶相对其他保温屋顶结构来说施工难度较大。

### 2. 植物种植式屋顶

植物种植式屋顶其实是利用种植的植物代替保温材料，它能够减少和吸收太阳的辐射热，让屋顶不受或者受到较少的太阳辐射热，从而使得屋顶表面温度较低。虽然该种方法有调节空气污染、美化环境等诸多好处，但是对屋顶的承重要求很大，普通材料和构造方法并不太适合在建筑能效提升中进行推广。寻找降低种植屋顶重量的办法，首先应选用较易存活的植物，并尽量减少种植土层的厚度，然后应采用容器材料重量较低的模块化的种植容器和材料，将屋顶的种植层划分为多个较小的单元，既方便管理又方便运输且重量大大降低。

### 3. 倒置式保温屋顶

倒置式保温屋顶就是将保温层与防水层施工程序颠倒，保护层、找平层、保温层位于防水层之上。这种屋顶适合既有建筑中屋顶防水保存完好，但屋顶没有保温层的办公建筑。这种屋顶既能够保证建筑屋顶热工性能达到最新节能规范的要求，又能够防止防水层受到长时间的风吹日晒而氧化损坏，引起不必要的施工修复工作。然而这种施工方法对保温材料的要求较高，通常选择 XPS 板作为保温材料，再在其上层铺设找平层与保护层。

### 4. 蓄水屋顶

蓄水屋顶的保温隔热原理是在夏季通过蓄水池在雨天储存大量雨水，在温度较高的晴天时通过雨水蒸发而带走大量的热量从而起到保温隔热的效果。该系统设有补水系统，在特定环境下可与种植屋顶相结合使用，是一种非常环保且收益较大、保温性能较好的屋顶保温系统。该系统的缺点是在冬季保温性能较差，且对屋面防水要求较高。

## 三、外墙的节能技术

### （一）外墙的保温技术对比

外墙的保温技术，主要有外墙内保温技术、外墙外保温技术、复合保温技术、外墙自保温技术四种。四种保温技术的介绍与优缺点分析，如表 6-2 所示。

表 6-2　四种保温技术的介绍与优缺点分析

| 保温技术 | 技术介绍 | 优点 | 缺点 |
| --- | --- | --- | --- |
| 外墙内保温技术 | 在外墙内表面使用预制保温材料粘贴、拼接、抹面或直接做保温砂浆层，以达到保温目的 | 内保温在技术上较为简单、施工方便，对建筑物外墙垂直度要求不高，具有施工进度快、造价相对较低等优点，在工程中也常被采用 | ①结构热桥的存在容易导致局部结露，从而造成墙面发霉、开裂；②由于外墙未做外保温，受到昼夜室外温差变化幅度较大的影响，热胀冷缩现象特别明显，极易发生空鼓和开裂 |
| 外墙外保温技术 | 在外墙外表面进行保温的技术，通常由保温层、保护层和固定材料构成，因其可以减轻热桥的影响，同时保护外墙不受过大的温度变形应力，是目前应用最广泛的保温做法 | ①适用范围广；②保护主体结构，延长建筑物寿命；③可以有效消除热桥的影响；④有效避免墙体潮湿，进一步改善保温性能；⑤有利于保持室温稳定 | ①对保温系统要求严格；②施工难度较大；③造价高 |
| 复合保温技术 | 在外保温操作方便的部位采用外保温，外保温操作不便的部位采用内保温 | 内外混合保温从施工操作上看，能够有效提高施工速度，对外墙内保温不能保护到的热桥部分进行了有效的保护，使建筑处于保温中 | 容易使外墙的不同部位产生不同速度和尺寸的变形，使结构处于更加不稳定状态，经年温差必将引起结构变形、产生裂缝，从而缩短建筑物的寿命 |

117

| 保温技术 | 技术介绍 | 优点 | 缺点 |
|---|---|---|---|
| 外墙自保温技术 | 墙体自身的材料具有节能阻热的功能，通过选择合适的保温材料和墙体厚度的调整即可达到节能保温的目的 | 外墙自保温体系的优点是将围护结构和保温隔热功能结合，无须附加其他保温隔热材料，能满足建筑的节能标准，同时外墙自保温体系的构造简单、技术成熟、省工省料 | 需要结合各地区条件，对墙体材料的厚度进行计算 |

依据表中的分析，外墙内保温技术、外墙外保温技术和复合保温技术对施工工艺和成本的要求均高于外墙自保温技术，适合在城市采用，而外墙自保温技术无论在对施工工艺的要求上还是对成本的要求上，均适合农村采用。

## （二）外墙保温材料分析

目前，建材市场出售各种墙体保温材料，多数投资方为控制成本选取廉价的保温材料。实际上，盲目选择建筑保温材料，既没有达到保温隔热效果，也没有打造适宜的居住环境，反而造成了资源的浪费。在建筑全生命运行周期内，维持稳定的室内宜居环境需投入更多的主动措施（制冷采暖设备、换气设备等），特别是冬、夏两季。

众所周知，随着温室效应的加剧，我国南方地区夏季室外温度逐年上升，室内环境温度也逐年同比上升，各一线城市建筑群落密集，绿化带不足，从而造成室内温度更高；据调查发现，众多家庭成员夏季需全天开启制冷设备来维持室内温度，否则无法居住，由此带来的电耗量较大。保温材料在围护结构中有保温隔热的热工性能，直接影响室内外温度的传递。保温隔热性能越好的材料，在夏季能够有效阻挡室外热空气传入室内，同时在冬季能有效防止室内热量流失，从而减少使用制冷（采暖）设备，节约资源。

①岩棉板。岩棉板工艺生产的原材料为玄武岩，是一种经高温熔融而成的无机纤维板。该材料具有质量轻、导热率低、隔热效果好、不燃等特点。岩棉板虽然保温性能低于 EPS 板与 XPS 板，但岩棉板具有不燃、耐高温、熔点高于1000℃、A 级防火等级等特点，因此市场仍是供不应求，尤其在对火灾有严格要求的大型公共建筑中使用率更高。

②聚苯乙烯泡沫板，又名泡沫板、EPS 板，是由可发性聚苯乙烯珠粒经高温

加热后在模具中成型的一种白色固体物,该物体拥有微小细密的闭孔结构。在建筑围护结构的保温体系中,EPS 板常被认作是有机材料的典型对象,主要通过粘接的方式被固定在外墙上,从而达到冬季保温、夏季隔热的效果。保温效果较好,施工简便,材料成本低廉,因此,被广泛运用于建筑保温领域。

③挤塑聚苯乙烯泡沫塑料,又名 XPS 板,该材料工艺独特,是经由特殊工艺连续挤出发泡成型的材料,其拥有均匀平整的硬模表面,内部空间呈现完全的微密闭孔状蜂窝结构。XPS 板作为轻质高强板材,当材料密度低于 40 kg/m³ 时,可承受 350 kPa 以上的抗压强度,其良好的抗冲击性能使得该材料在建筑领域中被广泛运用。XPS 板的极佳抗压性能使得它拥有较强的耐水性,该特点使得 XPS 板相比其他材料更具耐久优势。相比于 EPS 板,XPS 板具有密度更大、有较强的压缩性、导热系数低于 0.028 W/(m·K)、吸湿性较低、憎水性较强等特点。因 XPS 板长期保持低吸湿、吸水性的特点,在倒置式屋面和空调风管中优势明显,安装简便,施工成本低,只需铁片、塑胶黏合剂式聚合物砂浆即可固定。此外还具有很好的耐冻融性能及较好的抗压缩蠕变性能。

④聚氨酯泡沫是以异氰酸酯和聚醚为主要原料,在发泡剂、催化剂、阻燃剂等多种助剂的作用下,通过专用设备混合,经高压喷涂现场发泡而成的高分子聚合物。它是一种兼保温、防水功能于一体的新型合成材料,其导热系数较低;低导热性使其在同等保温性能下,材料厚度更小,从而减少围护结构厚度,增大室内使用面积。此外,聚氨酯泡沫材料的抗冻性、隔音性好,正常维修和使用下可长达 30 年之久。

⑤Stp 超薄绝热保温板,是由无机纤维芯材和高强度复合阻气膜通过抽真空封装技术制成的 A 级防火板,拥有超薄、真空等特点。无机纤维芯材本身具有一定的热阻,导热系数为 0.04 W/(m·K),外加真空封装使得材料导热系数大幅度降低,是所有保温材料中导热系数最低的材料,适用于以混凝土和砌体结构为基层的民建建筑工程,也广泛运用于各种老旧居住建筑的改造工程中。超薄的厚度将占用更小的围护结构面积,可最大限度增加室内居住面积。Stp 超薄绝热保温板的使用寿命长达 60 年,可服务于整个建筑全生命周期,未来发展前景可观,但其生产成本相对较高,许多建设方往往只看重成本而忽略材料本身优良的热工性能,因此还需继续推广使用。

对于三种保温技术(外墙外保温技术、外墙内保温技术、屋顶外保温技术)及保温材料对室内环境温度的影响,有以下几点结论。

第一,冬、夏两季,在外墙内保温技术与外墙外保温技术这两种保温技术中,外墙外保温技术可使冬季室内温度更高，夏季室内温度更低，从而验证外墙外保温技术优于外墙内保温技术。

第二，外墙增设保温材料后，冬季室内温度明显上升，但夏季室内温度也呈上升趋势。研究发现，冬季室内温度上升值明显大于夏季室内温度上升值，从而说明冬季减少的采暖能耗远高于夏季因温度上升而增加的制冷能耗。五种保温材料工况下，在保温材料厚度增加到一定值，夏季室内温度逐渐趋于稳定，部分保温材料在厚度到达一定值时，夏季室内温度反而逐渐降低。由此说明外墙保温材料对于室内环境舒适性的改善明显。

第三，屋顶外保温技术，可使冬季室内温度显著上升，夏季室内温度显著降低。相比外墙保温技术，屋顶外保温技术使得室内温度改善更明显，从而更大幅度地降低冬、夏季空调的采暖和制冷能耗。由此说明，屋顶外保温技术是建筑围护结构保温体系的重要技术之一。

# 第四节　建筑照明节能技术

## 一、照明系统

照明系统不仅是现代建筑中不可或缺的一种手段，也是人类生产和生活中不可缺少的一部分。现行的《建筑照明设计标准》（GB 50034—2013）对照明的布局方式和照明的种类进行了明确的定义。照明的布局方式一般包含常规照明、区域常规照明、局部照明和混合照明这四种类型。照明的种类则主要有基本视觉功能照明、正常情况下在室内或室外使用的普通照明、在普通照明无法正常工作时的应急照明及警卫照明、值班照明和障碍照明这六种类型。

### （一）光学原理

照明系统的光学原理主要有以下几点：

①光通量，指肉眼能察觉到的光的多少。

②发光强度，指光源在特定方向上产生的光通量。

③照度，指工作平面上光通量的密度。

④照度均匀度，指规定工作面上最小照度与平均照度的比例关系，有时也指规定工作面上最小照度与最大照度的比例关系。照度均匀度是照度质量的一个重

要的衡量指标。光线分布越均匀，说明照度越好，视觉感受就会越舒服，照度均匀度较低，越容易增加眼睛视觉疲劳。

## （二）照度计算

照度计算是在不同场景下根据不同的照度标准、不同的灯具种类及特定的室内环境信息等，确定相应的灯具数量，或者，在确定灯具的布置方案后，计算照明系统在工作面上产生的照度值，以检验被照工作面上的照度是否满足设计标准，也可在已经布置好的照明系统中，根据不同的照度需求控制灯具。在照明工程中，照度计算有点照度计算和平均照度计算。

### 1. 点照度计算

点照度计算指的是忽略反射光工作面产生的影响，对各种形状、任何位置的灯具或者光源在被照工作面上的某一点上产生的直射照度进计算。通常用于检验工作平面上各点的照度分布的均匀性。

### 2. 平均照度计算

目前常用的室内工作面照度计算方法有灯具配光曲线法、利用系数法及光通传递函数矩阵法等。

（1）灯具配光曲线法计算平均照度

在实际情况中，点光源是与被工作面之间的距离大于灯具大小的五倍的光源。在计算被照工作面的照度时，灯具则经常被定义成具有相应配光曲线的点光源，被照工作面的照度等于每个点光源在被照工作面上产生的所有照度的总和。

（2）利用系数法计算平均照度

由于灯具发出的光通量通常会被灯具本身吸收或者被室内的物件反射吸收，然后剩余的部分再经过不断反射，才能够作用到被照工作面上。如果房间里每个灯具的光通量都不一样，则需要对每个灯具产生的平均照度依次进行计算，然后再将每个灯具所产生的平均照度叠加。

（3）光通传递函数矩阵法计算平均照度

在室内照明计算中，不仅应该考虑灯具对工作面产生的直接照度，而且还需要考虑室内各个工作面之间的反射照度。在确定了光源的位置时，就可以将光通函数矩阵中所有元素定下来，从而计算出各工作面的照度。

## （三）智能照明控制

照明控制是照明系统的重要组成部分，也是照明设计的主要内容。利用一个开关控制一个回路中的灯具是传统的照明控制方式，随着时代的发展进步，照明控制逐渐向智能化方向发展，可以控制灯具的色彩与灯具的发光时间，在不影响照度需求的基础上，通过利用不同意境和效果，为室内人员提供舒适的照明环境。智能照明控制系统的灵活运用是照明设计师技术与艺术才能的充分体现。

随着现代信息技术的快速发展，智能照明控制技术也在不断地进步。智能照明控制系统包含提高对照明系统的控制和管理水平及大大降低照明系统所需要的运营成本这两个优点。但是如果只考虑照明的明亮性，长期忽略天然采光的作用，那么不仅会影响人们工作照明的舒适性，还会造成能源的浪费。

## 二、照明系统节能模型

从建筑照明系统全生命周期角度出发，照明系统需经历 4 个阶段，即照明系统施工安装、照明系统运行、照明系统维护、照明系统拆除处置。系统运行与维护是节能研究的重点，围绕该重点可以将照明系统的节能方式分为两大类型。一方面，在系统的运行阶段，人员是其参与者，通过使用控制模型，在满足期望照明的前提下，减少系统的电能消耗，以此实现系统直接节能；另一方面，从系统的维护角度出发，人员是其管理者，通过构建照明系统能耗预测模型，对系统的未来能耗进行预测，预测数据用于系统管理人员对系统状态进行判断并及时检修，以此实现系统间接节能。

### （一）直接节能——控制模型

照明控制模型经历了从静态到动态的发展过程。静态控制模型是指系统中描述的各个变量之间不能随时间变化而变化，如传统的照明控制系统。该模型在系统运行阶段处于恒定不变的状态，不能满足人们日益增长的照明需求，且其节能水平较低，智能化程度不高。

随着节能理念不断深入人心，人们对照明需求的增加，致使传统的静态控制模型无法适应当前的需求理念，同时灯具的发展更新，为动态控制模型的建立提供了有利条件，因此，人们在静态控制模型的基础上不断地深化和拓展，将影响照明系统的动态的因子加入其中，如自然光、人员的作息等，形成了动态控制模型。

### （二）间接节能——预测模型

随着机器学习的快速发展，诞生了一系列的预测算法，与传统的预测算法不同，这些新诞生的预测算法能够对历史数据能耗进行学习，不断地调整模型中的参数，来保证模型对未来数据预测的准确性。选取能够反映能耗变化的因素用于能耗预测模型，不仅能提升模型预测的准确性，还能通过模型发现能耗变化的趋势及发展特性，这对节能工作的展开及研究建筑定额用能具有指导性意义。

以环境空间整体为研究对象，当环境空间处于无人或人员极少时，照明系统的持续运行会造成能源不必要的浪费，不能实现照明系统人走灯灭或为少数人提供所需照明的节能场景。同时在建筑设计时期一旦确定建筑中采用的灯具类型，那么就只能通过采取合理的照明控制方法来实现减少照明系统电能的目标，以及不定期地对系统进行检查排除故障，以间接实现系统节能。

## 三、建筑照明节能技术应用的原则

### （一）实际功能性

在建筑施工中，照明节能技术的应用是建立在整个建筑行业的实际标准上的，在建筑行业快速发展的过程中，很多制造标准、建筑整体的特点都会对照明节能技术的实际应用产生一定的限制。因此，在对建筑照明节能技术进行应用的过程中，必须要加强对亮度、频率和使用方式的考虑，使其能够与建筑实际环境更加契合，还要使建筑的功能性、合理性和舒适性得到可靠的保障。此外，在对电能源进行利用时，设计人员要结合建筑电气设计的初衷，在尽可能充分利用资源和提高资源利用效率的基础上，进行更加全面的设计。还要对电气照明光源进行科学的选择，使电气照明节能技术的科学性与合理性得到可靠的保障。

### （二）环保技术性

对于照明节能技术来说，最基本的设计原则就是对电气资源进行合理的整合，使自身的环保特性得到充分的发挥。在电气照明节能技术的利用过程中，还要进一步明确节约性的关键含义。节约性就是对整体资源利用过程的节约，而不是放弃对资源的使用。要想使节约性得到充分的发挥，在对资源进行利用之前，要通过科学的方式，充分发挥资源效益，创造出最大的社会价值。建筑照明节能技术应用的一个重要前提就是能够满足居民的正常使用，其应用过程中的环保技术性主要体现在以下几个方面：①加强对高频使用的电气能源部分的升级改造研究，从各个细节上提升整个能源的利用率；②加强对自然光源的利用，通过建筑内的合理布局，使自然光源的利用率达到最大，这样就能减少人工电气资源的使用量。

### （三）经济约束性

在现阶段社会经济快速发展的大环境下，整个社会生产力并没有得到彻底的解放，整个社会的生产水平还处于快速发展和提升的阶段。我国建筑节能技术发展起步时间较晚，技术优化、升级工作的开展都需要大量的资源和强有力的技术环境作为支撑，因此在技术设计的过程中，如果一味地追求节能而没有考虑到经济效益的综合提升，就会出现舍本逐末的局面，因此在建筑照明技能技术发展的过程中，要始终遵循经济约束性的发展原则，充分考虑整个使用周期内建筑的能源使用效果。

## 四、建筑照明节能技术的应用

### （一）使用高效光源

在建筑照明节能技术应用的过程中，最基础的工作就是加强对光源的选择与改进，对于建筑照明来说，照明是导致能源消耗的主要原因，因此采取增强光源效果的措施，就不仅能有效减少电能的使用量，还能大大提高电能的利用率。当前阶段最常见的高效光源就是 LED 光源。在节能型照明设备研究发展的过程中，加强对照明设备本身的研究，是整个建筑照明节能领域最有效的办法，能够节省大量的电能。

### （二）利用自然光

在整个建筑照明系统中，建筑整体的能源消耗通常能够维持在一个相对稳定的状态中，可以通过减少人工电力资源的使用比重，提升自然光的使用率，降低能源的使用率，达到节约资源的目的。自然光相较于人工电气照明更加健康，在使用过程中能够给使用者带来更高舒适度。在实际操作的过程中，可以通过光源反射的方式将一些原本无法进入建筑内部的光源反射到建筑内部，还可以通过对透光和导光材料的选择和利用来提高建筑内部的采光效果，除此之外，还可以通过人工调节的方式，适当增加自然光的强度，满足人们的生活采光需求。

合理利用自然采光是建筑节能的最关键的一步，因此对自然采光的影响因素进行分析很有必要。想要将自然光与室内人工照明相结合，首先必须足够地了解自然光的特性以及搞清楚影响自然采光的因素有哪些。

**1. 自然光的分类**

自然光来自太阳光，自然光可以被分为三部分，分别为直射光、天空反射光以及地面反射光。太阳光中能够直接到达地表的部分被称作直射光；太阳光中有一部分光在大气层不停地反射而形成了天空反射光；这两者到达地表后，多次反射后形成了地面反射光，但是由于其不会对室内光环境造成过多的影响，因此通常只考虑直射光和天空反射光对采光的影响。

**2. 不同影响因素下天然采光分析**

人在室内的活动更倾向于依靠自然光，舒适的自然光是人工照明不能相比的。通常建筑主要依靠侧窗进行采光，进入室内的光线主要有直射光、外部及室内的反射光。因此，建筑的采光因素主要有气候因素、建筑周围环境及建筑自身因素。

在气候方面，影响建筑采光的主要因素是太阳辐射。太阳辐射有多个属性，建筑采光在不同属性相应会产生不同的效果。建筑主要是透过侧边窗户进行采光的，因此在建筑自身因素方面，影响采光的最重要因素为侧边窗户的形状，如窗台的高度、窗户占整面墙的比例及窗户的形状等。

## （三）使用高效照明附件

要想充分展示建筑照明设备的使用效率，就必须借助镇流器、启辉器等相关附件来开展辅助工作，这些装置设备的联合使用可以对整个建筑照明节能系统的运行效率带来一定的影响。因此，我们可以加强技术手段的革新，大幅提升镇流器的使用效率，不仅能够大大降低整个建筑的电能消耗量，还能显著提升整个电能的使用效率，提升整个电气照明设施的质量。

## （四）选择合适的变压器

电压器和变压器作为电气系统的主要组成部分，对节能照明系统的运行有着非常重要的影响，因此在对电压器和变压器进行选择时，要始终坚持节能的发展目标。在选择电压参数时，要以民用建筑的供电设备数量和供电要求为准。现阶段民用建筑的供电电压一般控制在220V～10kV，因此对于民用建筑电压的定级，要在电压适宜的基础上尽可能提升电压等级。电压器的选择是整个节能控制工作的关键，通常情况下节能电压器的选择应控制在10型以上，并且要采用非晶合金材料，这样不仅能够降低噪声，还能够实现节能环保。由于变压器需长期处于工作状态，因此变压器的整体负载不能过大，同时要结合不同的季节，从实际用电量出发达到减少用电量的目的。

# 五、室内照明节能技术

## （一）室内照明智能控制策略

### 1. 室内照明和自然光相结合控制

随着节能环保社会的到来，人们越来越重视节能环保手段的执行。而对于照明控制设计而言，可以重新利用自然光资源来实现节能目标。自然光是最为舒适且有益于人的健康的光源。当前绝大多数室内照明与自然光结合的研究成果都处于仿真阶段，对应的技术条件还不够成熟，不能满足实际应用条件。要想实现这些技术的大范围有效应用，就需要继续开展大量的预测和仿真实验，以此来提升对应模型的精准性，以便提升对照明设备管控和调节的精确度。这里还要注意的是，不同的模型和研究在具体应用时还要考虑"因地制宜"，要针对不同的房间类别、地域类别来进行对应的照明舒适度评价判定，进而确定所需照明与自然光的关联函数设置。

### 2. 基于用户行为的控制

照明控制的目的是满足用户的照明需求。而当前照明用户的个性化日益鲜明，对照明控制的要求也向着个性化的方向发展。因此，在未来照明研究中，考虑用户的个性行为需求已成为一个研究热点。当然，目前也不乏一些被行业认同的研究成果，在基于用户行为控制研究方向上做出了较为显著的成绩。当前，对用户行为控制的研究成果，主要侧重于传感器对用户行为数据采集方面，通过数据建模的方式来进行照明系统预测控制。未来的研究应该侧重于用户视觉评价方面，通过用户视觉体验评价与参数变化评估来建立对应的模型，实现系统调控的优化。

### 3. 基于智能算法的控制

智能算法是照明控制系统的核心。目前基于智能算法的控制研究，主要是围绕提高调节精度和提升节能效果这两方面展开的。随着照明用户个性化需求差异的增大，传统控制模式已经难以满足人们对照明控制精准、稳定、快速的需求，需应用智能化的控制模式，同时，应在发展中逐步融入最新的科技发展成果，例如，应用大数据采集、分析和预测功能，实现对不同区域传感器的数据采集，并根据这些数据构建模型，对用户的习惯和行为进行预测，进而实现对照明设备的精准管控和调节。另外，还可以逐步将照明控制系统与区域自动控制、监控系统和智能家居系统连接，提升其应用效果。

## （二）室内 LED 照明调节方法

目前，室内 LED 照明系统控制方法已经由最原始的单灯控制、群组控制、手动调色温、手动调光控制发展升级为智能控制。同时，在实际应用过程中，对室内 LED 照明系统的控制方式也趋向多样化。在实际设计中，应根据照明场景、时间、天气等的不同，自动控制调光、调亮度、调色温、调色等。

### 1. 调光

调光控制的关键是保证调光的精确度和快速性，一般应重点对调光精度、范围、效率等主要参数进行研究。国内外研究人员对调光开展了各种研究。之前研究人员在进行调光研究时，都将研究重点放在驱动器及其相关电路、灯丝及其系统改进方面，以提升调光设备效率，扩大调光范围，因此在实际改进过程中，往往会通过简化电路复杂性的方式来提高调节精度。

然而，很多研究都具有一个共性，那就是只重视提升调光系统硬件层面的性能，忽视了照度传感器、人员传感器的信息融合问题，导致多数调光系统不能满足现代社会对照明系统的精细化要求，即依据人员行为、天气等因素对系统进行实时调节。因此，当前乃至未来照明调光控制的发展方向是通过多传感器信息融合的方式，达到精细化调光控制的目的。

### 2. 调亮度、调色温

智能控制算法是 LED 亮度和色温调整工作开展的基础。这一调整工作需要综合考虑时间、天气、人员行为模式等影响因素，通过综合计算和调控，达到使照明灯光亮度呈现出最舒适状态的目的。目前，调亮度和调色温方面的研究成果基本都能够依靠模糊逻辑、神经网络预测等技术方法达到初步的调节目的，但是要想实现更加精准的调节控制，就需要进一步引入包括大数据分析在内的先进科技成果，实现对对应数据的精确、快速采集和分析，进而提升调节控制的精准性。

### 3. 调色

为了达到提升调色范围及准确性的目的，相关研究人员进行了 LED 调色控制建模及算法的研究和实验，致力于对硬件设备及控制算法的改进和研究，希望通过改进，实现提升灯具颜色表达精确度及扩展调节范围的目标。通过多年研究及实践经验可知，调色技术的发展关键是把灯具颜色调节与其他领域相结合进行研究。例如，与医学结合，通过调节灯具的颜色及色温的办法来减缓视觉疲劳。总之，在 LED 智能照明控制过程中，必须重视调光及其智能控制的发展。

### （三）室内 LED 景观照明智能控制

LED 智能光源具有寿命长、安全、节能、环保等诸多技术优势，被广泛应用于大型工业城市的照明设计方案中。其中，典型案例是北京的水立方，在夜晚可以发出迷人的海蓝色夜光。整个景观照明控制过程都是通过 LED 路灯来显示。

目前，合理地控制照明的措施是景观建筑节能的重要途径之一。因此，必须严格按照建筑环保的要求，控制传统 LED 规划的亮度，然后借助传统的 LED 编程和亮度协调技术，实现艺术建筑景观灯的最佳效果。

#### 1. 室内 LED 景观照明智能控制系统

（1）设备监控

驱动程序和软件控制器的硬件安装和处理位置常常根据客户对安装要求的不同而不同。如果回路驱动程序和回路控制器模块能够同时负责多个回路，并具有实时监测室内照明设备和实时传输照明数据的双重功能，那么该解决方案尤其适用于较大且集中环境下的室内照明设备。

一般来说，每盏灯应至少装一个电力驱动装置或控制器，以便能够检测和判断灯是否可能发生诸如电力开关异常、跳闸、电力线路故障等意外安全事件。对于目前大型景观工程照明施工项目来说，防盗工作是一大技术难题，大部分景观施工照明设施都需要放置在工作场所附近，具有人员空间大的特点，这将增加施工难度。在这种情况下，用于景观设计照明的智能遥控器不再需要使设备能够控制防盗保护灯。

（2）智能控制

智能自动控制系统可以作为景观设计照明系统智能控制的核心功能。通过使用系统服务器端与智能控制器之间的智能通信控制，可以直接实现以下功能：根据当地气候、季节变化和经纬度变化因素，制订开关执行计划，要求室内景观照明智能控制开关严格按照相关规定执行，但存在一些缺陷，即智能开关模式过于简单、能耗大。

因此，有必要使用尽可能多的光传感器进行自动开关灯控制，以检测从每盏灯收集的光强数据。如此不仅开关控制方式更加灵活，还可以创建一个彩色夜景，并有效地节约能源。

## 2. 景观照明中的常规 LED 灯具

（1）LED 点光源

LED 点光源具有设计灵活、控制方便、色彩丰富三大基本特征，七色灯的内部装置可以在控制软件处理器的基础上，实现各种芯片的自动放置。多个点可以自动切换形成点阵显示器，彩色显示器可以显示不同的彩色立体图、文字和各种三维动画图形显示效果，广泛应用于建筑楼梯立面、桥梁三维图形轮廓、酒店、广告牌、幕墙和公园等的照明装饰中。

（2）LED 投光灯

例如，LED 长条直线形状的大型投光灯，又称"线型投光灯""LED 洗墙灯"，广泛应用于单个大型公共建筑物的室内外墙面的灯光投射照明、广告牌、告示牌灯光照明等。LED 彩色圆条形配光反射投光灯多以一种纵向的或对称的偏彩色条形配光反射方式使用为主。

（3）LED 地埋灯

LED 地埋灯广泛用于现代城市的购物中心、城市公园、旅游景点、住宅区、步行街、建筑楼梯等，其主要用途是可直接应用于建筑的地板、外墙的内部装饰或城市标志的外部照明等。

## 3. 室内 LED 景观照明智能控制方案

当对室内 LED 景观照明进行远程智能控制时，需要充分采用 IP 联网，实现照明操作指令的实时发布和反馈，方便企业管理部门更深入、更明智地了解照明系统的运行。具体的步骤如下：将各个点的景观监控节点直接作为景观控制管理的重点，将各主要控制点直接组成景观管理子系统。景观工作者只需在一些重要的景观照明场所附近建立视频景观监控系统，将视觉监控中心与互联网相连，然后将景观图像实时传输到大屏幕上即可。

总体而言，室内 LED 景观照明系统的智能控制一般以模块化控制模式为主，手动化为辅，其中涉及的每一个操作步骤都由一套自动控制装置进行自动监控，使整个室内景观照明系统的控制过程更加简单，更易于由照明监控管理中心的人员统一管理。监控数据中心系统是虚拟主机、无线视频数据、网络接口、服务器、大屏幕和外部监控设施的组合体。

# 第七章 现代建筑设计的可持续发展

可持续发展的建筑设计旨在要求建筑设计师采用一种全新的设计手法，依靠现代的先进科学技术以一个新的角度重新诠释建筑的结构、形式、材料等，力求为人们创造出一个更加美好、广阔的世界。本章分为绿色建筑设计、生态建筑设计、节能建筑设计、低碳建筑设计四部分，主要包括绿色建筑的概念及特征、绿色建筑的发展历程、绿色建筑设计的原则、绿色建筑设计的特点等内容。

## 第一节 绿色建筑设计

### 一、绿色建筑的概念及特征

#### （一）绿色建筑的概念

绿色建筑是指在建筑的全生命周期（设计、施工、运行、维护）内，节约资源、保护环境、减少污染，为人们提供健康、适用、高效的使用空间，最大限度地实现人与自然和谐共生的高质量建筑。

2019 年，我国革新了绿色建筑的理念，把以人民为福祉，满足人民幸福作为根本动力，突出"以人为本，发展为民"的思想，从而提出了"绿色建筑高质量"发展的要求。绿色建筑、生态建筑和节能建筑都是可持续建筑理念下的具体执行。在实践中，绿色建筑常被称为绿色生态建筑、绿色节能建筑。由于经济、政治、文化、生态能将人类社会进行基本概括，故生态建筑也被称为绿色生态建筑；由于节能建筑与绿色建筑不分伯仲，故绿色建筑又被称为绿色节能建筑。但是三者之间存在大同小异的差别，节能建筑主要是关注建筑本身，通过对建筑的材料、结构进行研究来实现能源的循环利用，生态建筑更加强调人对自然的改造，而绿色建筑更加重视人与自然的和谐，绿色建筑迎合了人的高层次需求，在满足居住需求条件下，尤为注重满足人的个性化需求，总体来说，三类建筑概念终究是实现可持续建筑理念的具体落实。

## （二）绿色建筑的特征

绿色建筑具有节能、节地、节水、节材等特点。具体如下。

### 1. 节能

绿色建筑可以极大地减少能耗，促进废物的循环利用。

### 2. 节地

普通建筑结构趋于封闭，建筑之间缺乏互通性，同时占据大量土地，降低了住房土地的使用效能。而绿色建筑更偏向于土地的集约化利用，降低了占地面积。与此同时，绿色建筑采用绿色高性能混凝土，保护了土地的再生功能，避免了土地污染。绿色建筑的推广为每个人都提供了一个舒适的居所，并改善了个人住所的自然环境。

### 3. 节水

绿色建筑是人与自然和谐大融合的完美体现，其以最小的资源价值换取人类享受丰富多样性的自然利益。绿色建筑使用特殊渗水材料和空隙化设计方法，有利于雨水渗入地下，保持了自然界的水体循环，并将自然降水收集起来进行二次利用，减轻了城市用水的压力。

### 4. 节材

绿色建筑将不可再生能源的传统钢架结构辅助建材，更换为可再生的木制建材，既降低了能源的浪费，也加快了工程效率。

# 二、绿色建筑的发展历程

## （一）国际绿色建筑的发展历程

建筑是人与自然斗争的产物，是人类对抗恶劣环境的庇护所。石油危机的爆发提升了人们的能源节约意识。各国都开始制定相应的建筑节能体系。1989 年，美国建筑师杰弗里·皮尔森明确提出减少住宅建筑中对不可再生能源的依赖，并灵活使用可再生资源。1990 年，英国建筑研究院环境评估方法成为世界上第一个绿色建筑评估方法。1991 年，布兰达·威尔和罗伯特·威尔明确提出了绿色建筑的规划和设计标准。1992 年，在巴西里约热内卢举行的联合国环境与发展大会明确提出了"绿色建筑"的概念。1996 年，美国发布了名为"能源与环境设计先锋"（LEED）的绿色建筑分级评估体系。2006 年，德国发布了可持续建筑评价体系（DGNB）。

## （二）国内绿色建筑的发展历程

自 19 世纪 90 年代我国引入绿色建筑这一概念以来，地方政府部门相继实施了一系列现行政策法规，以促进绿色建筑的发展。我国绿色建筑的发展趋势大致分为三个阶段。

### 1. 理论萌发阶段

该阶段主要是试点建筑，着重探索绿色技术。1986 年，中国发布了《民用建筑节能设计标准》，这说明，一方面绿色建筑理论被我国官方认可，另一方面我国严格规范绿色建筑，为绿色建筑快速良性发展提供标准化技术支持。该阶段是对绿色建筑相关理念的吸纳，研究重点聚焦于绿色建筑理论的内涵。

### 2. 实践开展阶段

"实践是检验真理的唯一标准"，该阶段重点是绿色建筑试验推广，大概从 2008 年起，充分契合因地制宜思想的绿色建筑如雨后春笋大量涌现。例如，2012 年 4 月，财政部、住房和城乡建设部印发《关于加快推动我国绿色建筑发展的实施意见》（财建〔2012〕167 号）。2013 年 1 月，《国务院办公厅关于转发发展改革委住房城乡建设部绿色建筑行动方案的通知》（国办发〔2013〕1 号）制订了绿色建筑能源计划。2019 年 3 月，住房和城乡建设部发布了《绿色建筑评价标准》。

### 3. 初步发展阶段

这个时期不再是"纸上谈兵"，各大城市积极推崇绿色建筑，停留在纸面上的绿色建筑理论、技术皆在实际中得到应用。绿色建筑发展完全是顺应时代要求，建成低碳城市就必须将绿色建筑纳入国家经济社会发展规划，反过来低碳城市又推动绿色建筑的发展，故绿色建筑是实现节能减排的重要途径，也是国家生态文明建设和可持续发展战略的重要手段。绿色建筑理论也经历了由静转向动的过渡，并随着政府部门相关政策法规的频频出台，绿色建筑得到了初步发展。

我国绿色建筑还停留在试验和起步阶段，绿色建筑尚未普及，参与主体对绿色建筑概念陌生的问题普遍存在。由于我国地域差异大、绿色建筑法律体系尚不完善、人们的绿色环保意识落后等多方面的特殊国情，绿色建筑在推广过程中遇到了诸多困难。

## 三、绿色建筑设计的原则

### （一）健康舒适的原则

据统计，随着人们生活质量的提高，人们用于休闲娱乐的消费在总消费中的占比不断提高，这表明人们的生活正在从追求简单的温饱向高质量健康舒适生活过渡。因此为了给人们创造健康舒适的生活和工作环境，在建筑设计中加入绿色建筑设计理念是非常必要的。室内空间具有良好的环境温度、湿度和空气流动性等物理性能，是健康工作和生活的重要保证。另外，保证建筑室内具有良好的日照条件，也是提高建筑空间环境质量的重要标准之一。

### （二）整体美化原则

整体美化原则主要体现在以下几点：首先，绿色建筑设计在满足人们工作和生活等各种需求的同时，还需要注重整体的美观性，要尽可能地去满足人们的审美要求。其次，由于社会的高速发展，传统的审美已经不能适应当今人们的审美要求，绿色建筑设计要注意满足当代人的审美需求，并要对周边环境做详细的规划设计，提高建筑与生态环境的融合度，使人的活动与自然环境在发展中处于平衡。最后，绿色建筑设计不可固守狭隘单一的设计思路，要从整体出发，通过对生态环境合理地开发利用，避免对环境产生破坏，使建筑与环境协调发展。

### （三）同步设计原则

绿色建筑设计需综合考虑各方面因素。在建筑功能和建筑表现力达到要求的前提下，要采用相关构造措施来降低建筑能耗并提高建筑的居住舒适度，如在建筑设计中采用被动式节能等构造措施。

在进行绿色建筑设计时，建筑师要发挥"领头羊"的作用，对各个专业进行统筹协调，确保不同部门设计方向的一致性。在设计过程中，建筑师要协调规划、建筑、结构、给水排水、暖通空调等专业之间的配合施工。在设计和施工的全过程中，各专业要相互协商，紧密配合，将绿色建筑理念融入其中，并对具体实施策略进行周密的前期规划。

## 四、绿色建筑设计的特点

### （一）全生命周期

在建筑工程中，为达到绿色建筑设计的总体目标，设计人员应从全生命周期来执行绿色建筑的要求，从设计到施工的全过程，都能够将绿色建筑理念充分融入其中。工程项目实施人员，都能够始终以绿色化作为指导，加强对绿色设计理念、绿色施工工艺和技术、绿色环保材料的应用，最大限度地克服传统施工工艺的限制，给建筑工程施工提供绿色技术、节能材料，为绿色建筑设计提供全面支持。

### （二）以健康为本

绿色建筑实施的根本目的就是要给人们提供良好的生活环境，使人们能够置身于相对健康的建筑空间里。因此，绿色建筑概念的出现，符合当下人们对建筑绿色化的追求，不论是建筑设计还是建筑施工前的材料准备和设备租赁又或者是建筑施工垃圾的处理方面，都应该遵循绿色化的总体目标和要求，尽可能地减少在建筑工程施工全过程中的环境污染。

比如，在施工过程中，为实现对粉尘污染的有效控制，在施工现场道路上或者施工区域内，要加大洒水频次；在设备的租赁方面，要选择低能耗、低污染的设备；在材料选择方面，应对比市场上的同类型材料，选择低污染材料。

### （三）绿色建筑与自然平衡

绿色建筑追求建筑与自然之间的平衡。近年来，随着人们对资源开发的加剧，很多资源都呈现出过度开发的状态。在可持续发展理念下，人们的思想发生了明显的转变，人与自然的和谐相处成为社会发展的目标。因此，在建筑工程中，应该在满足建筑基本功能的前提下，实现绿色设计和绿色施工，避免建筑工程施工中的各种资源浪费和环境污染问题，从而推动整个行业的进步。

## 五、绿色建筑设计的策略

### （一）充分利用可再生资源

加强可再生资源利用是绿色理念的重要体现，设计绿色建筑的过程中应当提高现场能源的利用率，减少对建筑资源的过度使用，防止大量建筑垃圾的出现，降低施工现场的资源浪费现象。例如，提高风能与光能的利用率，使风能与光能参与到绿色建设当中，减少对电能的使用，或在建筑中大量使用太阳能发电和供热，都可以达到节约能源效果。绿色建筑设计采用雨污分流系统，提高雨水的积累和存储能力，减少对水资源的浪费。

## （二）在建筑结构设计中应用绿色理念

在建造过程中，施工管理的主要目的除了要确保工程的施工质量外，还要合理控制使用成本。那么，为了达到这一目的，在整体结构、各个细部结构的设计中，都需要将绿色理念应用起来。比如，在整体结构中，可以对建筑的屋顶、屋面采用绿色设计。

当然，前提是一定要确保该建筑的结构绝对稳定。而在细部结构中，可以对墙体进行隔热和保温设计。同时，还要对屋顶做好防水层的设计和施工工作，使得细部结构得到有效保护，以减少自然环境带给墙体的损害。最后，房屋结构的内部保温设计也相对重要，设计师应强化对其散热进行绿色设计。

## （三）加强绿色植物的合理应用

在建筑的建造设计中，强化绿色植物的运用可以表现在很多方面。在建筑的外墙周围种植一些绿色植物，可以美化其整体的环境氛围，进而使绿化水平得到提升；在建筑的围护结构方面，可以考虑种植一些爬墙类植物，使建筑在植物的衬托下变得更加美观，同样也能将绿色理念发挥出较为理想的效果。

此外，在建筑室内结构中，可通过摆放一些合适的绿色种植盆栽来装饰室内的空间。不过绿色植物的摆放和植物品种的选择一定要结合房主的喜好，以及设计的整体要求，切勿按照设计师自身的喜好自行对绿色植物的类型进行选择，设计师的设计方案一定要遵循建筑使用者的需求及居住者的实际情况，这样才能使设计具有意义。

## （四）在建筑布局规划中应用绿色理念

我国的地域比较宽广辽阔，不同地区存在着很大的地理环境差异。各个建筑布局规划也就相对应地存在很大的差异。因此，在进行建筑布局规划时，如果想要充分将绿色理念应用到设计中去，那么一定要结合当地的情况，因地制宜。

从整体上来讲，在进行建筑布局规划时不要违背保护土地资源的原则，要深刻地认识到森林地域资源的有限性，一定要在不浪费土地资源的基础上进行合理科学的规划。如果在进行布局规划时，没有充分考虑绿色环保，整体的布局显得

建筑设计与建筑节能技术研究

不合理，缺乏科学的规划，导致土地被大面积的浪费，那么后期势必会给森林资源造成严重的破坏。

因此，在布局规划的初期，就应该对以上的这些问题进行考量，在绿色理念背景下，充分考虑土地的利用效率。

### （六）在景观设计中应用绿色理念

景观设计也需要引进绿色理念，从而提高资源的应用效率，减少建筑景观投入，避免资源浪费的问题。首先，设计师在对建筑进行设计之前，要先进行合理的建筑规划，景观设计可以采用依次递进的设计方法，在展示良好景观的同时避免对建筑的使用造成影响。设计师应当具有立体设计思维，不断延伸绿化面积，保证建筑与环境完美结合，提高建筑设计的整体性。只有将建筑结构与自然环境紧密地结合起来，实现低碳与周边环境的协调，才能在此基础上有效消除设计不当对生态环境造成的损害。首先，要选择合适的草木植被。要按照适地适树的原则选择植被，防止名贵植被与环境不符带来的后续养护成本。其次，植被还要与建筑景观契合。要定期对绿色植被进行灌溉，保证绿色生态系统具有良好的管理与维护能力，提高绿色生态系统的应用价值。

# 第二节　生态建筑设计

## 一、生态建筑的内涵

生态建筑学是建筑学中非常重要的课题，主要涉及建筑架构与环境之间的共生关系。生态建筑设计的目标就是将与生态学相关的理论和知识应用于建筑结构的设计中，使建筑与环境形成一个有机的结合体。为了实现这一目标，设计师必须在建筑与环境之间寻找到合理的平衡点，使两者之间能够保持平衡，同时利用各种符合生态学原理的建筑元素和结构单元的设计来减少建筑使用过程中的能源消耗。生态建筑的含义主要概括为以下两点：①在考虑建筑与环境之间的关系时，充分发挥建筑设计的作用而又不损害周围环境，并最大限度减少生活中的能源消耗；②在设计建筑结构时，应根据环境和空间合理设计建筑的形状、大小、方向，使建筑与环境融为一体、相互衬托，这对提高人们的生活情趣、改善建筑使用时的舒适度，以及保证居民的生活质量有着至关重要的作用。

## 二、生态建筑设计的原则

### （一）生态和谐

设计师要想把生态建筑设计理念融入建筑设计中，就要更关注生态和谐，也就是把建筑作为一个整体来看待，要确保根据设计方案建设出来的建筑能够与周围的环境和谐搭配，拥有自然的景观美。为了突出和谐性的原则，设计师在设计时，既要关注外形又要关注颜色。在确定建筑外立面造型和颜色时，必须考虑周围的环境，要确保与周围的环境协调、不突兀，并突出建筑的生态美，可利用周边的水域或绿化，与建筑和谐搭配，建立完整的生态环境。

### （二）节能环保

在整体设计方案的基础上，要从细节设计这方面突出节能环保的理念。节能，一方面是建筑建设时的节能，另一方面是建筑使用时的节能。在方案设计时，要合理地利用自然风和自然光，这样建筑在使用时就不会在温度的调节和采光这两方面耗能太多。环保，是指通过设计提升建筑施工的环保性。在设计时更倾向于使用绿色环保施工工艺，减少对周边环境的污染和破坏。

### （三）以人为本

以人为本是生态建筑设计的核心内容。在设计时应当考虑人们的工作、生活及审美需求，既要突出生态美，又要满足功能需求。例如，为了给人们提供休憩和娱乐的场所，可以结合周围的绿化情况，设计建筑景观。这样既能够增加建筑的美感，又能突出方案的生态性特色。

## 三、生态建筑设计的理念

### （一）舒适化设计理念

随着时代的发展，人们对生活和工作环境的要求越来越高，对建筑舒适功能的需求也在增长。因此，不断改善人们的生活和工作环境条件、提高人们的生活质量是生态建筑设计发展的趋势和设计师努力的方向。

### （二）运用自然体系设计理念

将建筑周围的绿植、水源和空气等外部环境与建筑本身设计相结合，可以最大限度地利用外部自然环境元素创造出健康舒适的环境，还可以减少建筑的能耗。

在建筑设计中，使用太阳能等可再生资源不仅环保，而且节省了建筑成本，如在生态建筑设计中，可以通过减少电灯照明增加自然光的采光来减轻建筑对环境造成的光污染。将周围的天然水源、自然通风等环境元素与建筑中的高科技技术相结合，可以为人们创造出一个绿色健康的智能生活环境。

### （三）自我调节"生命体特征"理念

就摩天大楼的"全生命周期"而言，它显示出了与生物生命的类似点，即摩天大楼的"决策→设计→施工→使用→拆除"过程，与生物的"生长→成熟→衰老→死亡"过程有异曲同工之妙。摩天大楼的设计也应具有自我调节、自我清洁的生态学功能。在进行建筑设计时，要充分利用建筑周围环境的气候条件、地理位置等进行室温控制，从而大幅减少建筑在日常使用中废气或废料的排放。

## 四、生态建筑设计的策略

### （一）运用生态元素，构建建筑生态

对于现代建筑设计来说，生态理念也是核心理念。因此应当注重生态元素的运用，为生态建筑设计奠定基础。在设计时，要尊重并强化自然元素，尽可能把现代人文景观和自然元素结合在一起。

### （二）坚持以人为本，实现宜居生态

在践行生态理念的过程中，最突出的表现就是坚持以人为本原则。在构造建筑环境时，要强调生态宜居，发挥生态自然的作用。

首先，要考虑到人们对自然生态的需求。在建设现代建筑体系时，要注重人文和自然景观的结合。其次，要突出宜居生态的目标。既要满足人们的基本需求，又要满足生态和宜居这两方面的需求。最后，要坚持合理布局。要有效应用多种生态元素，不能破坏生态环境。

### （三）优化建筑围护结构设计

为了提高建筑室内的热舒适性能，应当优化建筑围护结构设计，让建筑能够拥有保温隔热的性能。如果建筑处在寒冷地区，那么在设计墙体时，要突出其复合保温性能。在选择复合保温材料时，既要突出导热性能，提高保温效果，又要减少建筑的能耗。在建筑围护结构的设计上，更应当增强其密闭性。

## （四）运用节能技术，创设节能结构

生态建筑设计，不仅要运用生态元素，还要发挥节能技术的作用，让建筑有更好的节能性能。例如，玻璃对于现代建筑结构来说非常重要。如果能够合理地应用玻璃，发挥其节能作用，就能够让建筑有更好的节能保温效果。还可以利用太阳能技术，减少建筑的电能消耗。

## （五）注重生态技术的使用

### 1. 保温设计

在设计时，设计师要突出建筑的保温性能。具体的设计工作要考虑当地全年的气候情况，合理选择保温技术。在寒冷的北方，可以选择一些保温性能比较好的 EPS 板进行外墙设计。这种方式能够让室内室外的热传递效率降低，从而起到保温作用；房间的朝向要坐北朝南。如果朝西的话，那么室内的温度可能会因为太阳的暴晒而快速的升高，那么人们可能会使用一些降温设备，这样既不利于温度的调节，又不能满足节能的需求。

### 2. 节水设计

节水设计是非常重要的。当前，人们提出并应用了一种新的节水设计理念："海绵"设计理念。也就是在建设小区的同时，设置配套的绿化设施，并利用海绵设施在雨后储存雨水，满足绿化灌溉和清洗的用水需求。

### 3. 采光设计

建筑的朝向是非常重要的，如果能合理利用太阳光，不仅能够增加室内的采光度，满足人们的照明需求，减少照明所消耗的能源，而且能够提升建筑的品质。

# 第三节　节能建筑设计

## 一、节能建筑设计的特点

### （一）环保性

节能建筑设计虽然追求节能水平的提升，但在实际设计中需重视建筑整体的环保性，即在施工和后续运营过程中，坚持"以人为本"的理念，将建筑主体使用者的身心健康放在更重要的位置。为满足环保性，设计人员需对建筑内部的结构、装饰、给排水及电气系统等进行整体优化设计，强化绿色建筑材料的使用，尽量控制工程建设中的碳排放量。在设计方案中，还需减少工程施工及后续使用对周边环境的影响，实现人与自然和谐共处。

### （二）节能性

节能性是节能建筑设计的基本目标，其实现途径如下。

①通过系统的优化设计，尤其是通过电能系统的节能设计，实现系统能耗全面降低，尽量规避无功损耗，从而提升能源利用率。

②通过新型节能材料的应用，满足建筑节能要求。

③将节能体系优化与成本控制相结合，降低建筑在实际应用过程中的使用成本，实现建筑工程经济效益和社会效益的有机统一。

### （三）宜居性

宜居性是节能建筑设计的重要目标。从规划设计角度出发，设计人员需做好整体采光、温控、保温设计等，提升建筑工程的应用效果，同时要在满足建筑工程居住及商务功能的基础上，实现安全性、宜居性，以更好地提升居民的生活品质。

## 二、节能建筑设计的原则

在未来发展方向上，节能建筑设计需要严格遵守国家节能要求，具体节能要求如下。

### （一）降低能耗

在未来发展方向上，建筑设计可以在设计、选材、工艺等方面利用节能措施，有效降低能耗。在设计过程中，设计人员需要综合建筑工程中的各个节能设计环节，全面提升建筑节能技术水平。在选材中，设计人员需要坚持绿色建设理念，把控整体建筑工程的建材能耗。工艺水平的提升，可以优化节能措施，为建筑节能提供技术保障。

### （二）环境友好

建筑是环境中的重要部分，构建环境友好型社会，推动经济实现可持续、绿色发展，需要推动建筑节能技术的发展。在城市化建设进程中，设计人员应坚持绿色建设理念，合理规划发展方向，利用节能措施，构建环境友好型和谐社会。

## （三）经济高效

在未来发展方向上，建筑设计应坚持经济效益与社会效益的统一，降低环境、能源消耗，建设经济高效型建筑。在建筑工程中，设计人员应针对节能降耗等要求，提出可行性节能措施，减少建筑全生命周期的维护成本，降低建筑的能源消耗，全面提升建筑的节能技术水平。

## （四）舒适健康

随着国民经济的发展和人们生活水平的提高，人们对居住环境质量的要求也越来越高。建筑节能技术的发展，不仅需要考虑生态保护，还需要满足人们对生活质量的要求。在未来发展方向上，建筑设计以绿色、环保为基本方针，考虑建筑的舒适性、美观性，保障居民的居住安全与健康，创造环境友好型和谐居住环境。

# 三、节能建筑设计的内容

## （一）门窗

在门窗中加入环保性能良好的材料，既可以保障通风效果，又可以为节能建筑设计的发展提供新助力。门窗与节能建筑设计的结合，具体体现在以下两个方面。

第一，根据建筑的地理位置特点及建筑空间的光照等需求，制订设计方案，专门对门窗配置的光照效果、通风效果进行研究，改变设计计划；同时在门窗位置设计的初期，进行更换难易度、密封性的设计分析，除可以加强空间的空气流通、保障门窗使用的舒适度外，还可提升区域空间的光照效果。

第二，门窗的活化设计，所谓活化设计，就是以更加多元、更加科学的方式赋予门窗使用更多的灵活性。此外，门窗的设计与建筑空间的通风、照明系统紧密相连，良好的照明及通风设计，可降低生活能源的损耗，增加门窗设计的节能价值。

## （二）机电设备

机电设备是建筑主体保持正常运行的重要基础，也是节能设计的关键环节。

在设计时，需明确建筑主体正常运行所需要的机电设备容量、能耗和线路布置情况，利用 BIM 平台对各设计要素进行优化，确保机电设备整体实现高水平自动化运行，在满足建筑内部性能要求的基础上，通过自动化控制关停不必要的设备，减少无效运转带来的能耗浪费。从机电设计原则出发，应选择合适的机电设备，避免设备参数和能耗供给能力不均衡。

### （三）给排水系统

在现代建筑体系中，良好的给排水节能设计能在实现资源合理应用的基础上，更好地满足公众群体的生活需求。

①优化给排水管线布置。结合工程主体情况，利用 BIM 技术中的碰撞功能，修正管线布置方位。

②强化新型给排水管道材料的应用。在确保管道运行质量和安全的前提下，减少工程施工总量和材料用量，提升运行成本控制水平。

③强化水资源回收利用设计。利用雨水收集系统，将排水管道与建筑绿化衔接，通过雨水收集与中水处理，实现水资源高效回收利用。

### （四）温控系统

随着社会经济的发展和居民生活水平的提高，建筑规划设计中的温控设计逐渐占据重要位置。在进行温控节能设计时，需考虑当地自然资源的利用水平，强化对风能、太阳能和地下水热能的利用，通过整体性设计，将此类能源导入实际应用中，减少对电力能源及市政热水的需求。在进行温控节能设计时，还应提高温控系统运行的自动化水平，尤其在智能控制系统高速发展的情形下，通过感知设备和远程控制设备的应用，实现建筑主体温控设备的自动化运行，有效避免温控系统长期无效运转造成的能耗增加。同时，在节能设计方案中，可通过保温层及相关材料的优化，降低内外部能量传递导致的能耗损失。

### （五）通风系统

在城市化水平不断提升的背景下，建筑规划面临的重要问题是楼层密度不断增加，楼间距逐渐缩小，但实际应用的风能水平不断降低。因此在进行通风系统节能设计时，可将通风系统导入智能建筑整体运行体系，通过采集关键节点通风效果运行数据，实时调整通风系统的运行状态，以达到内部空气质量提升、通风系统运行损耗降低的目的，不断提升建筑主体的舒适度。

## （六）采光

在采光节能设计中，需强化采光区域影响分析、结构稳定性和安全性设计，避免因设计方案不合理造成施工变更等问题。

# 四、节能建筑设计的策略

## （一）屋面的节能管理

在节能建筑设计中，屋面的节能设计是十分重要的。屋面是建筑工程中较为重要的组成部分。在实际的建筑设计中，不仅需要进行屋面的保温隔热设计，而且需要在源头上控制能源消耗，充分满足建筑设计的节能化发展需求。建筑设计人员在实际的建筑设计中，需要根据行业的发展变化，对屋面的节能设计进行管理，提高建筑设计的规范性。

通常情况下，屋面的节能设计体现在以下方面：第一，在屋面设计中，屋面保温层的设计是关键，材料的选择不仅需要符合节能理念，也需要保证屋面材料的吸水性及密实度；第二，在选择屋面施工材料时，一定要尽可能选择节能材料，避免材料污染问题的出现，不建议选择使用吸水率过高的保温材料，以防长期投用后对其保温效果形成负面影响；第三，在屋面设计中，需要发挥建筑材料的保温性能，提高屋面的美观性，发挥屋面的隔热作用。

## （二）墙体的节能设计

在节能建筑设计中，墙体的节能设计体现在以下方面：第一，在外墙设计中，建筑设计单位需要采用隔热保温性能较好的材料，根据外墙的设计特点，设计单一性的外墙，规范建筑工程的设计行为。第二，在室内墙体设计中，建筑设计单位要发挥墙体的保温性能，并通过复合性建筑结构的设计，节约墙体施工材料，发挥墙体保温隔热的性能。第三，在选择墙体内的石膏材料时，一定要选择优质材料。例如，在建筑工程的墙体施工中，使用 EPS 板、保温砂浆等材料，不仅可以提高墙体的整体性能，而且可以充分发挥墙体施工的节能优势。

## （三）照明的节能设计

为进一步提升建筑的采光效果，可以结合自然光与人工照明，使两者优缺互补，减少建筑能源的消耗量，提升资源的利用效率。建筑中应尽量选用节能型照明设备，如 LED 节能灯。

### （四）提升节能建筑设计的水平

为了充分发挥建筑节能的优势，在实际的建筑设计管理中需要做到以下几点：

第一，设计单位需要认识到新能源利用的价值，根据建筑行业的运行特点，处理建筑能耗问题，稳步提升节能建筑设计水平，为建筑设计新能源的利用提供支持，充分满足行业的可持续发展需求。

第二，在节能建筑设计中，设计单位要认识到绿色环保材料的重要性，根据节能建筑设计的基本特点，避免高耗能材料的运用，提升节能建筑设计的整体效果，为行业的持续运行及发展提供保障。

第三，在住房建筑设计实践中，为更好地满足其综合布局和结构设计的节能要求，设计单位应结合建筑周围的地理环境及建筑单体的间距布置、建筑高度等状况，科学分析建筑的日照与通风状况，通过科学合理的规划设计将建筑室内采光与通风等过程对资源的耗用量降到最低。

第四，在设计建筑结构和综合布局时，设计单位要结合广大业主的生活习惯、文化背景等，使设计产品更好地满足其主观需求。在应用节能措施设计建筑工程时，要避免出现结构过于复杂的问题，要依照建筑的实际状况，合理拓展其深度，随后结合不同区域内既有的建筑结构组合方案进行科学规划，从而明显提升节能建筑设计的品质。

# 第四节　低碳建筑设计

## 一、低碳建筑的内涵

关于低碳建筑的概念，目前国内学术界还未有一个明确的标准定义，但学者们认为其核心是降低碳排放。如国内学者张仕廉等人的研究指出，所谓低碳建筑，就是在建筑材料的整个生命周期里能够通过尽可能地减少使用化石能源或提高能源使用效率，来降低二氧化碳的排放量，以此建设减少环境污染、保护环境、与自然和谐共存的建筑；国内学者李启明等人则强调建筑的低污染、低能耗和高利用率。由此可见，关于低碳建筑的概念界定，可从广义层面和狭义层面来进行。从广义层面来看，低碳建筑是在建筑全生命周期的时间范畴内，通过前期对低碳建设目标的设定、低碳建筑的设计规划、建筑材料及建筑设备选型的严格把关，中期对施工过程中低碳目标的管理及建筑产品质量的管控，后期对低碳建筑运营过程的把控，来实现清洁能源高使用率、二氧化碳低排放量的目标，以此来保护生态环境的一种现代化的且可持续发展的新型建筑模式。从狭义层面来说，低碳建筑是指在建筑的整个生命周期的各个阶段中以低二氧化碳排放量为目标，以保护生态环境为原则，基于可持续发展观念而建设的节能、减排及减碳型建筑。

## 二、低碳建筑的设计要求

### （一）最大限度地利用可再生资源

通常情况下，在进行低碳建筑整体设计时，其中最重要的设计目标就是要最大限度地利用可再生资源。只有这样才能够做到有效地节约不可再生资源，同时也能够确保环境不被破坏。要落实这项设计目标，就需要建筑设计师在设计之初全面地考虑整座建筑本身的节能问题，以保证每一个设计环节都充分考虑了节约资源，做到可再生资源利用率最大化。

### （二）以实际为依据引用新技术

目前，在建筑行业中，某些施工单位将高新技术应用到低碳建筑的设计中，虽然这种技术起到了节约能源的效果，但是无论何种高新技术应用在建筑中，都必须要符合实际情况。如果不考虑实际情况，盲目引用高新技术，便可能会设计出不伦不类的建筑，最后也达不到节约能源、保护环境的目的。

例如，在国外，某些发达国家通常会以地形地貌为基础来进行生态建筑设计，最后设计出符合低碳标准有利于自身发展的低碳建筑。但是在我国，由于地区差异大，所以在引进生态新技术时就不能完全照搬西方发达国家，需要以我国的实际环境情况和地形地貌及气候条件为依据进行合理设计。只有这样才能保证设计出来的生态建筑符合当地人的需求。

### （三）实现生态的和谐与统一

实现人与社会、人与自然、社会与自然的和谐统一，是低碳建筑设计的核心目标。建筑师在进行设计时，需要对建筑周围的动植物、自然环境、气候、条件等进行充分的考虑，只有这样才能设计出和谐的建筑，有效地实现以上的核心目标。

## 三、低碳建筑设计的原则

### （一）因地制宜的原则

低碳建筑设计要考虑建筑所在地区的地理环境、气候自然环境特征，不能将不同地区地理自然环境特征的低碳节能建筑设计直接生搬硬套拿来用。这也预示着，建筑设计在考虑低碳节能目标实现的过程中必须充分调研，对建筑所在地区的先天条件和特征规律进行了解熟悉，以便建筑设计更好地与地区环境特点相适应。在低碳建筑设计中，要充分考虑建筑周边环境，做到建筑与周边环境相匹配、相协调。

### （二）和谐性原则

低碳建筑设计的目标之一是满足基本的功能性要求。因此，和谐性原则首先体现在以人为本的理念上。建筑设计不能为了设计而设计，而是要满足人的基本功能需求，也不能为了追求达到特定的节能环保目标而牺牲人的健康及生活质量。除了满足人使用建筑的基本功能需求以外，和谐性还体现在建筑全生命周期上，尤其是在建筑被拆除以后，拆除的材料应能够循环再利用，拆除后应对环境没有很大影响，这是低碳节能建筑设计需要遵循的原则。

### （三）经济性原则

低碳建筑设计应尽量利用可再生资源，降低建筑能源消耗，如清洁可再生的太阳能、风能、水能、地热能等。在建筑施工材料的选择上，应选择容易降解、可再生、可循环利用的材料，如钢材、轻质混凝土板材、木材、竹材料。低碳建筑设计的经济性原则不仅体现在某个单一环节上，而且贯穿在建筑的全生命周期内。

## 四、低碳建筑技术的应用

### （一）地源热泵技术

地源热泵系统是一种由水源热泵机组、地热能交换系统、建筑内系统共同构成的供热空调系统，热源来自地下水、地表水或者岩土体。该系统通过热泵机组做功的方式将热量从温度低的介质向温度高的介质传递。由于热源是可再生能源，因此热泵具有环保性。地下水、地表水或者地表土壤能够收集太阳辐射能量，因此本质上是对太阳能的二次利用。由于地下平均温度基本稳定在 16 ～ 22℃，因此主机制冷热稳定性更高。

## （二）风光互补技术

风能和太阳能在时间上有较强的互补性，白天阳光充足，风很小，而夜晚没有阳光，风较大。充分利用风能和太阳能的互补性特征，将其利用在发电系统上是提高可再生资源利用效率的有效途径。例如，风光互补照明系统主要包括风力发电系统、太阳能发电系统、控制系统、储能系统、照明系统等。该系统实现了风能和太阳能资源的最佳匹配，缓解了电网压力，不需要大量的输电线路，建设成本和长期运营成本低，不仅环保，而且节能，是建筑设计中低碳减排理念的良好体现。

## （三）全热回收新风技术

全热回收新风系统由全热交换系统、动力系统、过滤系统等部件共同构成。室内空气经过系统的排风管排出，通过过滤装置向室外进行排放；室外新鲜空气通过风口进入机组并经过过滤装置吹向室内。全热回收新风系统，不仅可以全面改善建筑内部环境空气品质，保障室内环境健康，而且在引入新鲜空气的同时，还可以排出室内的污浊空气。在排出空气的过程中系统可以回收排风中的热量，节约能耗。在冬季制热时，利用回风替代室外空气作为热源，使冷媒在蒸发器内有效蒸发，可以改善机组运行状况，有效避免机组结霜的问题。

## （四）高性能围护技术

越来越多的建筑采用装配式结构，但是装配式结构建筑的外墙围护部件需要具有较高的综合性能。采用中间加有保温层的预制混凝土外墙板，既可以起到保温、减轻质量、外表美观的效果，又可以满足外墙板承载力和平面外刚度变形的要求。墙板材料可选用具有较好的防水防火性能的材料。应在墙板间的接缝处设计合理的防水方案，在外侧接缝处采用打胶处理的方式，在墙板接缝处设置启口坡度，并使局部混凝土加厚，这样可以有效防止水汽进入墙板缝隙并渗透到室内。

## （五）变频多联式空调技术

变频多联式空调系统的工作原理是由控制系统对室外环境参数、室内环境参数、表征制冷系统运行参数进行采集，然后根据系统设置的优化准则及建筑内部环境舒适性原则，在变频设备作用下调节压缩机输气量，对建筑空调系统风扇运行状况进行调控，在保证建筑内部环境舒适性的同时，使空调系统运行工作状态更稳定，更优化。由于该空调系统各个部件之间、外界环境和建筑物内部环境之间相互影响，因此变频多联式空调系统的状态变化比传统空调系统更加灵活迅速，是一种柔性调节系统。相对于传统的螺杆机组和风冷热泵通过二次载体进行冷热量的传递，采用变频多联式空调系统直接通过冷媒进行冷热交换，可以减少冷热量损失，有效降低能耗。

## 五、低碳建筑设计的策略

### （一）加强对绿色材料的使用

越来越多的民众开始推崇绿色环保的产品，在选择建筑时也会将建筑是否符合低碳环保理念考虑在内，相比于过去人们只在乎价格，现在人们更加看重的反而是建筑本身是不是安全可靠、对人体健康是否有害，这就要求我国的建筑行业不能再走以前的老路，而是要把握形势，实行低碳绿色发展。建筑设计师在设计过程中应该更加关注建筑本身是否符合绿色环保的理念，挑选的材料是否会对环境和居民造成损害，所使用的建造技术是否能够达到保护环境的目的。

具体来说，建筑施工过程中所产生的建筑垃圾、粉尘及建筑中所使用的混凝土都会对环境造成污染。在进行建筑设计时，针对这些情况，建筑设计师应该做出合理的调整，尽量选用无污染的绿色材料，在选材上应更多地选用可再生的材料，减少对珍稀材料的过度使用，并采用新的施工工艺，减少环境污染。

### （二）优化房屋空间和结构，低碳节能

在建设过程中应该对空间有一个整体的把握，让建筑资源能够得到合理化应用，使房屋能够满足居民对住房面积的需求，缓解因人口过多而带来的住房紧张，合理安排房屋空间其实也是一种节能的方式，因此建筑设计师在进行建筑设计时可以对房屋的空间做一个合理的优化设计。

随着经济的发展，房地产行业逐渐站稳脚跟，越来越多的房地产商开始将目光投向新建楼盘，通过新建楼盘来获取大量利润，但目前有很多地方盖楼都是将原来的房屋推倒重新开始建设，这样一来就会导致原来房屋的建筑垃圾无法得到有效清除，从而给城市带来污染。所有的房地产开发商都应该对此做出改变，减少房屋的二次重建。

目前，世界上很多地方都推崇在进行建筑设计时要充分考虑房屋结构，避免房屋二次建设时对环境产生污染。对房屋进行结构调整其实也是低碳理念的体现。

## （三）在设计期间遵循低碳经济性原则

针对建筑空间设计来讲，在设计过程中，需要重点考虑建筑的安全性和我国标准要求是否相符合，只有在保证建筑安全的基础上考虑设计要点才是最为合理的。在这其中，建筑安全设计涉及诸多要点，比如消防、抗震等均要满足国家要求，在满足基本性原则的基础上将建筑设计的低碳经济性和美观性全面地体现出来。

# 参考文献

［1］韩丽红．基于市场机制的建筑节能对策研究［M］．北京：地质出版社，2010.

［2］戎卫国．建筑节能原理与技术［M］．武汉：华中科技大学出版社，2010.

［3］刘振峰．建筑节能保温施工技术［M］．北京：中国环境科学出版社，2011.

［4］卢军．建筑节能运行管理［M］．重庆：重庆大学出版社，2012.

［5］曾旭东，周宏伟，梁波．数字技术辅助建筑节能设计初步［M］．武汉：华中科技大学出版社，2013.

［6］赵平，龚先政，林波荣，等．绿色建筑用建材产品评价及选材技术体系［M］．北京：中国建材工业出版社，2014.

［7］刘伊生．建筑节能技术与政策［M］．北京：北京交通大学出版社，2015.

［8］杨彦辉．建筑设计与景观艺术［M］．北京：光明日报出版社，2016.

［9］曹茂庆．建筑设计构思与表达［M］．北京：中国建材工业出版社，2017.

［10］张链，陈子坚．多种能源融合的建筑节能系统的设计与应用［M］．合肥：中国科学技术大学出版社，2017.

［11］孙世钧．建筑节能技术在建筑设计中的发展与应用［M］．哈尔滨：黑龙江科学技术出版社，2017.

［12］王禹，高明．新时期绿色建筑理念与其实践应用研究［M］．北京：中国原子能出版社，2018.

［13］胡德明，陈红英．生态文明理念下绿色建筑和立体城市的构想［M］．杭州：浙江大学出版社，2018.

［14］陈思杰，易书林．建筑施工技术与建筑设计研究［M］．青岛：中国海洋大学出版社，2018.

［15］梁益定．建筑节能及其可持续发展研究［M］．北京：北京理工大学出版社，

2019.

［16］郭屹.建筑设计艺术概论［M］.徐州：中国矿业大学出版社，2019.

［17］赵永杰，张恒博，赵宇.绿色建筑施工技术［M］.长春:吉林科学技术出版社，2019.

［18］丁勇花，陈靖，吴亚敏.建筑节能技术在建筑设计中的应用探讨［J］.江西建材，2020（10）：70.

［19］梁文.建筑设计中绿色建筑理念的运用和优化结合［J］.建筑技术开发，2020，47（19）：139-140.

［20］巨怡雯.探讨绿色建筑设计与绿色节能建筑的关系［J］.中国住宅设施，2020（10）：45-46.

［21］刘赫南.环保节能理念在建筑给排水设计中的应用［J］.工程技术研究，2020，5（20）：181-182.

［22］郭志强.绿色建筑技术在建筑工程中的优化应用分析［J］.居业，2020（10）：136-137.

［23］潘辉.绿色理念在建筑设计中的整合与应用［J］.住宅与房地产，2020（29）：169-170.

［24］刘德建.低碳节能建筑设计和绿色建筑生态节能设计研究［J］.建筑技术开发，2020，47（19）：141-142.